U0272523

苏州档案
Suzhou archives

本书编委会

United Nations
Educational, Scientific and
Cultural Organization

联合国
教育科学及
文化组织

The Archives of Suzhou Silk
from Modern and Contemporary
Inscribed on the Register in 2017
Memory of the World

近现代中国苏州丝绸档案
2017 年 入选
世界记忆名录

卜鉴民 主编

《世界记忆工程》与地方档案事业发展研究

shi jie ji yi gong cheng yu

di fang dang an shi ye fa zhan yan jiu

人民出版社

在世界记忆项目与地方档案事业发展主题研讨会开幕式上的讲话
（代序）

很荣幸能和大家相聚在苏州，共同参加世界记忆项目与地方档案事业发展主题研讨会。我谨代表世界记忆项目中国国家委员会和中国国家档案局，向远道而来的各位同行、各位来宾表示热烈的欢迎！

中国政府非常重视联合国教科文组织的世界记忆项目，高度赞赏该项目长期以来在保护文献遗产方面所做的努力。从 1992 年发起以来，世界记忆项目在短短 24 年的时间里，将 348 份文献遗产列入了世界记忆名录，为保护人类共同记忆，提高全社会对文献遗产保护重要性的认识发挥了不可替代的作用，取得了举世公认的成就。借此机会，我谨代表中国档案界对世界记忆项目国际咨询委员会的工作表达崇高的敬意。我们也希望能通过此次研讨会，共同探讨如何更好地利用世界记忆项目这个平台，促进档案工作的发展，提高全社会对文献遗产重要性的认识。

档案，作为人类社会活动的真实记录，是社会进步和文明发展的见证，是把人类社会的过去、现在和将来紧紧联系在一起的纽带。作为档案的收集者、保管者和开发者，档案工作者既承担着守护历史文化遗产的责任，也承担着构建未来社会记忆的责任。没有了档案，人类的历史就会产生空白，就会缺少记忆。这就要求我们的工作既要对历史负责，也要对未来负责。正是这些价值，决定了档案事业是一项崇高的事业、永恒的事业、前景光明的事业。

中国是一个有着悠久历史和灿烂文明的国家，从3000多年前的殷商甲骨文开始，我们的先人就已经开始形成并保存档案，这种重视档案的优良传统绵延几千年，一直延续到今天，成为中华民族文化得以世代传承的重要原因之一。中国政府始终把档案视为国家各项工作和人民群众各方面情况的真实记录，视为促进国家各项事业科学发展、维护国家及人民群众根本利益的重要依据；把档案工作当作国家各项工作中不可缺少的基础性工作，当作维护国家历史真实面貌的重要事业。多年来，中国各级政府始终把档案事业发展列入政府的议事日程，列入全社会的发展规划，从而保证了档案事业的持续发展。

苏州市委市政府非常重视文献遗产的保护工作，积极支持苏州市档案局开展世界记忆项目。今年5月，苏州档案部门申报的"近现代苏州丝绸样本档案"成功入选世界记忆亚太地区名录。今年他们又将该文献遗产申报了世界记忆名录。此次研讨会在苏州召开，也可以说是历史的一种契合。苏州是著名的园林之城、丝绸之府。苏州作为历史文化名城，有着深厚的历史文化底蕴，而伴随着历史文化底蕴的丝绸，闪烁、继承着悠久历史文化的光辉。从古至今，沿着举世闻名的丝绸之路，丝绸一直扮演着文化使者的角色，架起了东西方沟通的桥梁。

我们深知文献遗产的保护工作任重道远，真诚希望能以此次研讨会为平台，与各位专家学者深刻探讨促进世界记忆项目与地方档案事业发展的思路和方法，为实现联合国教科文组织宪章中规定的保护和保管世界文化遗产的任务，促使这些文献遗产能够为国际间的广大公众所利用，从而为提高各国人民对文献遗产、特别是具有世界意义的文献遗产价值的认识作出努力。

借此机会，我们还要向会议的承办方苏州市档案局表示感谢，感谢你们为会议做的精心准备。

女士们，先生们，我们所做的工作，是一项功在当代、利在千秋的伟大事业，重要程度难以用语言来衡量，但可由历史来见证。感谢诸位为推动世界记忆项目所作出的努力，为保护文献遗产所作出的贡献！

国家档案局局长　李明华

2016 年 11 月

目　录

前　言

2016年11月23日，由国家档案局主办、苏州市档案局承办的世界记忆项目与地方档案事业发展主题研讨会在苏州召开。

这是一场别开生面的研讨会，来自联合国教科文组织世界记忆项目国际咨询委员会的多位专家，以及国内知名院校教授、相关档案馆工作人员等出席了此次会议。与会人员围绕主题，对丝绸档案、工业文化遗产保护、档案事业发展及世界记忆项目在全球的开展情况，以及如何更好地利用世界记忆项目这个平台促进档案工作的发展、提高全社会对文献遗产重要性的认识等方面展开了热烈的讨论，取得了丰硕的成果。

此次研讨会有三大特色。第一，高规格。此次研讨会是国际性学术研讨会，共有来自亚洲、欧洲、非洲、拉丁美洲的50余位专家、学者参与本次盛会，其中包括5位来自联合国教科文组织的专家。中国国家档案局局长李明华出席研讨会并致辞。第二，有特色。本次研讨会共有11位专家、学者做主题发言，其中5位来自联合国教科文组织，3位来自中国高校档案学专业，还有来自一线的档案工作者，以及来自中国丝绸协会的领导。与会嘉宾来源广泛，发言各具特色，亮点迭出。其中，围绕近现代苏州丝绸档案这一主题展开讨论的就有5篇论文，占演讲题目的二分之一。第三，紧扣会议主题。与会专家、学者紧紧围绕"世界记忆项目与地方档案事业发展"的主题进行研讨，对中国、非洲、拉丁美洲的世界记忆工程进行了深入阐述，或进行全面总结、或进行理论探讨、或进行技术指引、或进行专题研究。除演讲之外，还展开了热烈的互动讨论，精彩频现，问答双方都得到了满意的效果。此次研讨会为以后我们与联合国教科文组织世界记忆项目国际咨询委员会展开深入合作奠定了基础，我们期望在不久的将来能够使这种"无限可能"变成历史的真实。

　　本书主要收录了此次研讨会上的 11 篇交流论文，研讨会进程中与会专家对参会人员提出的相关问题所做的解答也作为花絮收录书中，以期读者对研讨会内容有详尽的了解。本书的出版发行，为分享世界记忆项目与地方档案发展经验提供了良好平台，也有利于推动我国档案事业进一步蓬勃发展。

发掘丝绸历史资源　共促行业可持续发展

杨永元

苏州是丝绸之府，古老的丝绸穿越几十个世纪展现在世人面前，带着岁月的痕迹，散发着神秘而美丽的气息。苏州的丝绸档案资源丰富，苏州市工商档案管理中心馆藏的"近现代中国苏州丝绸档案"熠熠生辉，是不可多得的珍贵档案。在"一带一路"倡议的引领下，这份前人留下的瑰宝更应该被世界人民所认识和保护。

一、苏州丝绸发展辉煌历程

苏州作为中国历史文化名城，素来以山水秀丽、园林典雅而闻名天下，有"江南园林甲天下，苏州园林甲江南"的美称。苏州不仅是一座园林之城，而且也是拥有厚重历史文化的丝绸之都。

苏州是我国长江流域蚕桑丝绸发源地之一，早在公元 3 世纪就与日本、罗马有贸易往来。隋唐时期，苏州的蚕桑纺织业发达，丝织品远销海外。在宋代之后的千余年间，苏州一直被称作"丝绸之府"，历代皇室都在此建立专门为朝廷服务的官府织造机构。明清时期苏州的民间织造呈现"东北半城，万户机声"之壮观景象。明朝时期，郑和下西洋从苏州太仓的刘家港（今太仓浏河镇）出发，大量丝绸产品远航西太平洋和印度洋，到过爪哇、苏门答腊等 30 多个国家和地区，最远曾达非洲东海岸和红海，深受各国喜爱和欢迎。在清代，世界各地的商人来到苏州从事丝绸贸易，有的甚至远离故土，在苏州长期定居下来。清末民初的苏州绣女沈寿所绣的《意大利皇后爱丽娜像》，曾作为国礼赠送意大利，并在意大利都朗博览会展出，荣获"世界至大荣誉最高级卓越奖"。

20 世纪中叶至 90 年代，苏州丝绸业步入发展快车道。当时苏州地区丝绸生产量与出口量一度占到全国的三分之一，苏州东吴丝织厂生产的塔夫绸尤其受到青睐，拥有"塔王"的称号。1981 年，英国查尔斯王子和戴安娜王妃的"世纪婚礼"上，王妃的婚礼服面料选用的就是该厂生产的"水榭牌"塔夫绸。意大利科莫丝绸博物馆至今还收藏着"水榭牌"商标。90 年代以后，苏州市丝绸工业历经产业结构调整的重大变革，部分工厂关停并转，行业重新洗牌。但苏州丝绸历经十多年的涅槃，得到了新的发展，已经从过去单纯缫丝、织绸初级加工为主，成功转型为丝绸服装服饰终端产品生产和销售多元发展。2012 年 6 月，苏州市政府出台《苏州市丝绸产业振兴发展规划》，提出了"传承发展苏州丝绸产业，提高苏州丝绸品牌和形象，重振苏州丝绸文化的影响力"的重要战略部署。

我们也欣喜地看到，宋锦新中装精彩亮相 2014 年北京 APEC 峰会，苏绣先后在 2012 年和 2015 年作为国礼赠予英国女王，并被白金汉宫永久收藏，赢得了世界的高度关注。如今苏州丝绸内外销旅游定点商场和各类工业旅游景点星罗棋布遍及全市，新型营销模式如电子商务、网购网销、电视购物、展示展览以及丝绸品收藏等发展迅猛，打造"都市丝绸"的全新理念正在成为现实。应当说，近年来苏州丝绸业通过转型升级，在产品提档、品牌培育、市场拓展等方面，取得了可喜的成就，重新焕发出了新的生机与活力。

二、苏州拥有大量宝贵的丝绸档案资源

苏州这座古城，可谓人杰地灵、物华天宝、资源丰富。苏州地区丝绸产品除了门类众多、品种齐全之外，还拥有世界上最多而且最为集中的与丝绸相关的历史遗存遗址、街巷桥梁、碑刻拓片、各有特色的蚕桑丝绸织绣文化景点，以及珍贵的丝绸档案，包括国内仅存的清代苏州织造署旧址，国内建立最早的苏州丝绸博物馆。特别是苏州市工商档案管理中心馆藏的"近现代中国苏州丝绸档案"，时间跨度达100多年，总数29592卷，包含丝绸全部14大类品种，数十万花色花样，反映了晚清以来多个历史时期中国丝绸品种的演变概貌，折射出近现代中国丝绸文化与政治经济、百姓生活、时代审美之间千丝万缕的关系，具有极其珍贵的历史人文和经济价值。

2015年12月，经国务院批准，中国丝绸档案馆正式落户苏州；2016年5月19日，第七届联合国教科文组织世界记忆工程亚太地区委员会（MOWCAP）大会将苏州市工商档案管理中心申报的"近现代苏州丝绸样本档案"纳入世界记忆亚太地区名录。这是我国继《本草纲目》《黄帝内经》等之后，再次入选世界记忆亚太地区名录的档案文献，也是目前国内唯一由地市级档案馆单独申报并成功入选的档案文献。此次入选世界记忆亚太地区名录，标志着中国丝绸业在世界文化遗产保护工程中取得了重要的成果，对传承

和弘扬中国丝绸历史文化，进一步扩大国际影响力，都具有极其深远的现实意义。

三、积极推进世界记忆名录申报工作

丝绸是中华民族的瑰宝，更是全人类的共同财富。世界记忆工程是联合国教科文组织于1992年启动的一个文献保护项目，其目的是对世界范围内正在逐渐老化、损毁、消失的文献记录通过最佳技术手段进行抢救保护，使文献遗产得到最大限度的利用；开发以文化遗产为基础的各种产品并产生经济效益，提高世界各国对文献遗产、特别是对具有世界意义的文献遗产的认识。目前苏州市工商档案管理中心正在组织"近现代中国苏州丝绸档案"申报2017年世界记忆名录，这是中国丝绸行业的大事情。中国是世界上丝绸档案资源最为丰富的国家，如何加大丝绸档案保护力度，并积极组织开发利用，是中国作为当今世界茧丝绸生产和贸易第一大国义不容辞的责任和使命。

为此，中国丝绸协会将举全行业之力积极推进相关申报工作，同时将进一步协调各级茧丝绸主管部门、档案主管部门、丝绸文博管理部门、各相关大专院校和科研单位，以及重点蚕桑丝绸企事业单位等的关系，健全和完善重点丝绸产区丝绸档案的收集、保管、利用、展示的渠道，逐步建立国内重点丝绸产区的地市级、省级、国家级的蚕桑丝绸档案信息库，形成中国丝绸档案馆集中统一管理国内丝绸业有代表性的重要档案和综合类档案的新机制，促进与国内各丝绸博物馆之间的对接与互动，为行业和企业提供信息查询、科普教育等服务，实现多方共赢发展。另外，要继续加强与国际丝绸文化界、丝绸档案界间的合作与交流，学习借鉴国外先进管理技术和经验，为传承和弘扬中国丝绸历史文化，促进全球丝绸产业发展再上新台阶，作出更大的贡献。

期望国际档案与文博界的专家学者，一如既往关注支持中国丝绸及中国丝绸档案事业，也希望越来越多的普通大众加入到了解、认识、传承丝绸文化和丝绸档案的队伍中。

作者简介

杨永元，男，长期从事茧丝绸行业管理工作，多次参与国家茧丝绸行业规划及重大政策制定，曾任第三届、第六届中国丝绸协会会长。

如烟似水　摇曳多姿
——漫谈近现代中国苏州丝绸档案

栾清照　陈鑫　卜鉴民

　　世界是丰富多彩的，每个国家都用自己的方式为这多彩的世界画上绚烂的一笔，它们都有自己的"语言"。提到法国，人们会想到香水、葡萄酒；提到瑞士，钟表的滴答声似乎就在耳畔响起；提到埃及，人们的脑海中会出现雄伟壮观的金字塔……亲爱的朋友，说到中国，你会想到什么呢？

　　古老的中国有着悠久的历史，长江和黄河两条母亲河孕育了五千年的华夏文明。说到中国，也许你会想到很多，古代的四大发明造纸术、指南针、火药和印刷术自不必说，它们对中国古代的政治、经济、文化的发展产生了巨大的推动作用，对世界文明发展史也产生了很大的影响。除了四大发明，精美绝伦的瓷器、韵味十足的京剧、泼墨写意的中国画、刚柔并济的中国武术、香气四溢的茶叶等等都令世人赞叹不绝。当然，还有一样宝贝是不可缺少的，她堪称中国的符号，那就是——丝绸！

一、丝绸的故乡

中国是世界上最早发明丝绸的国家，相传早在 5000 多年前，轩辕黄帝的妻子，勤劳、智慧的嫘祖就发明了丝绸，中国从此开始了栽桑、养蚕、缫丝、织绸的历史。后人为了纪念嫘祖衣被天下、福泽万民的功绩，尊称她为"先蚕娘娘"，为之建祠祭拜，韩国、朝鲜及一些东南亚国家也都隆重祭祀嫘祖。

丝绸是古代中国先于四大发明的对人类文明的伟大贡献，西方国家认识中国是从认识丝绸开始的，他们称中国丝绸为"赛尔"（Ser，希腊语），意为丝，称中国为"塞里斯"（Seres），意思为产丝之国。从 2000 多年前汉朝张骞出使西域开始，中国丝绸源源不断地传入中亚、西亚和欧洲，外国货物和文化也随之传入中国，由此形成了著名的"丝绸之路"。正是通过丝绸之路，中国的瓷器、京剧、国画、武术、茶叶等才得以被更多的人认识和喜爱，中华文明的独特魅力才会散播到更广阔的范围。

丝绸是中国的名片，中国是丝绸的故乡，悠长的丝绸之路连接起中外文明；丝绸更是苏州的代言，苏州是丝绸之府，温婉的江南小城与烟一样轻软，水一样细腻的丝绸完美地融合在一起。唐宋时期，苏州就是全国丝绸中心，明代中期，便呈现出"东北半城，万户机声"的盛况，明清时代，皇家高级丝绸织品也大多出自苏州织工之手。丝绸与苏州有着千丝万缕的联系，是苏州的金字招牌，苏州丝绸从某种意义上说，代表了中国悠久灿烂的丝绸历史与丝绸文化。

然而，由于人力、工艺、技术等原因，不少优秀的传统丝绸品种却在历史发展的进程中逐渐失传，如各种风格的经锦，自唐代以后就逐步被纬锦所替代；"链式罗"，古代为二经和四经环式绞罗，该结构自秦汉产生，至唐宋盛行，但之后也失传了；中国三大名锦之一的宋锦，随着1998年苏州宋锦织造厂的倒闭，工艺技术逐渐失传。一些熟悉苏州丝绸生产的老艺人有的年过古稀，有的已亡故，有的后继乏人，不少传统丝绸品种濒临人亡技绝之危。

在此情形下，保护和传承传统丝绸显得既重要又紧迫，可是，哪里去寻丝绸的"根"呢，那些绝妙的织造工艺去哪里找呢？幸运的是，苏州市工商档案管理中心（简称"中心"）珍藏着29592卷近现代中国苏州丝绸档案，这是现今我国乃至世界保存数量最多、内容最完整也最系统的丝绸档案。

二、如烟似水、摇曳多姿的丝绸档案

20世纪末，国有（集体）产权制度改革轰轰烈烈地进行，通过改革，一大批国有（集体）企业获得了新生，然而改革也给许多企业的档案管理工作带来困难。面对困难，苏州市知难而进，建立了全国首家专门管理改制企业档案的事业单位——苏州市工商档案管理中心，抢救式接收改制企事业单位档案约200万卷，打了一场漂亮的"档案保卫战"，并由此开创了全国档案系统改制企业档案管理的"苏州模式"。

在这200万卷厚重的档案中，有一部分档案质地轻软却格外光彩夺目，那就是前面提到的29592卷近现代中国苏州丝绸档案，其中丝绸样本302841件。由于得到及时抢救和集中保存，这批足以彰显近现代国内传统织造业璀璨历史的极为珍贵的丝绸档案资源，现已成为中心的"镇馆之宝"。这批恢弘的近现代中国苏丝绸档案源自苏州东吴丝织厂、苏州光明丝织厂、苏州丝绸印花厂、苏州绸缎炼染厂、苏州丝绸研究所等为代表的原市区丝绸系统的41家企事业单位和组织，是19世纪到20世纪末这些丝绸企业、组织在技术研发、生产管理、营销贸易、对外交流过程中直接形成的，由纸质文字、图案、图表和丝绸样本实物等不同形式载体组成的具有保存价值的原始记录，主要包括生产管理档案、技术科研档案、营销贸易档案和产品实物档案等。

翻开一卷卷丝绸档案，你一定会被如烟似水、摇曳多姿的丝绸所迷倒，美丽的丝绸薄若蝉翼、柔如春水，看着就让人陶醉。抚摸一下，爽滑、细腻、柔顺、舒适，就不难理解她对人体的保健作用，被誉为"纤维皇后"当之无愧。

（一）完整的14大类丝绸样本档案

日常生活中人们用绫罗绸缎作为丝织品的通称，其实这并非一个完整的分类方法，中国古代丝织品种有绢、纱、绮、绫、罗、锦、缎、缂丝等，今天，丝织品依据组织结构、原料、工艺、外观及用途分成纱、罗、绫、绢、纺、绡、绉、锦、缎、绨、葛、呢、绒、绸14大类。中心馆藏的丝绸档案完整地包含了这14大类织花和印花样本，每一类都有自己独特的组织结构、工艺特点，给人不同的视觉和触觉冲击。

纱，全部或部分采用纱组织，绸面呈现清晰纱孔。若隐若现、轻盈飘逸的纱犹如美丽婀娜的少女，迎着春风款款而来，西施浣纱的景象不由得映入眼帘。这批丝绸档案中的纱细分为很多品种，有大家非常熟悉的乔其纱，还有凉艳纱、腊羽纱、玉洁纱、花影纱等，听着这些好听的名字，就让人生发出一股似水柔情。

缎，缎纹组织，外观平滑光亮。富丽堂皇、光彩熠熠的缎宛若富贵端庄的妇人，高贵而不失典雅，华丽而不失庄重。该档案中的缎非常富有特色，既有荣获国家金质奖章的、代表国内当时丝绸业内最顶尖工艺的织锦缎、古香缎、修花缎、真丝印花层云缎，又有提花缎、琳琅缎、素绉缎、花绉缎、新惠缎、桑波缎、玉叶缎、百花缎、花软缎等众多品种。

锦，缎纹、斜纹等组织，经纬无捻或弱捻，色织提花。精致华美、质地坚柔的锦仿佛儒雅稳重的官者，华贵中彰显威严。三大名锦之一的宋锦是不得不提的，还有月华锦、风华锦、合锦、宁锦以及民国时期的细纹云林锦等多个品种。

绢，平纹或平纹变化组织，熟织或色织套染，绸面细密平挺。质地轻薄、坚韧挺括的绢好似活泼俏皮的孩子，顽皮中透着无限活力。烂花绢、丛花绢、吟梅绢等不同品种丰富了馆藏。

呢，采用或混用基本组织、联合组织及变化组织，质地丰厚。温厚柔软的呢就像成熟睿智的长者，充满岁月的厚重感。该批丝绸档案中的呢包括华达呢、四唯呢、彩格呢、维美呢、西装呢、涤纹呢、闪色呢等。

站在高高的档案密集架前，看着满满当当的档案盒，你一定会被震撼：柔滑绚丽的绸、轻柔飘逸的纺、雍容华贵的绒、富有弹性的绉……这些丝绸带给我们的美好感受会慢慢沁入心底，在内心最深处激荡。

（二）迷人的特色档案

中心馆藏的近现代中国苏州丝绸档案中，有一些闪着格外耀眼的光芒，它们集中展现了苏州丝绸的韵味，形成了独特的丝绸风景线。

宋锦，与蜀锦、云锦并称为"三大名锦"，指宋代发展起来的织锦，广义的宋锦还包括元明清及以后出现的仿宋代风格的织锦。宋锦继承了蜀锦的特点，并在其基础上创造了纬向抛道换色的独特技艺，在不增加纬线重数的情况下，整匹织物可形成不同的纬向色彩，且质地坚柔轻薄。因主要产地在苏州，宋锦在后世被谈起时总会在前面加上"苏州"二字，称为"苏州宋锦"。苏州宋锦兴起于宋代，繁盛于明清，她的繁荣带动了整个苏州地区经济的发展。20世纪80年代后，宋锦市场萎缩，传统宋锦濒临失传，便愈加凸显出她的价值。2006年，宋锦被列入第一批国家级非物质文化遗产名录，2009年，又被列入世界非物质文化遗产名录。中心有一块非常珍贵的明代宋锦残片，名为"米黄色地万字双鸾团龙纹宋锦残片"。万字、双鸾、团龙都是对其纹样的说明。动物、几何纹样是宋锦中比较经典的题材，龙纹在古代是不能随意使用的，通常由皇家专享，因此这块织物极有可能原本是用于宫廷的装饰。这块残片虽已残破暗淡，但上面的金色丝线却闪闪发光，这些丝线竟然是由真金制成的，难怪经过漫长岁月的洗礼依旧闪烁着夺目的光彩。

塔夫绸，法文 taffetas 的音译，含有平纹织物之意，是一种以平纹组织织制的熟织高档丝织品。20世纪20年代起源于法国，后传至中国，主要产地是苏州与杭州。塔夫绸选用熟蚕丝为经丝，纬丝可用蚕丝也可用绢丝和人造丝，均为染色有捻丝，一般经、纬同色。以平纹组织为地，织品密度大，是绸类织品中最紧密的一个品种。苏州东吴丝织厂生产的塔夫绸花纹光亮、绸面细洁、质地坚牢、轻薄挺括、色彩鲜艳、光泽柔和，是塔夫绸中的精品。1951年初，国家外贸部门组织苏州丝织业16种产品去东欧7国展出，该厂的塔夫绸广受欢迎，在德国展出时引起轰动，被客商誉为

"塔王"，由此享誉海内外。1981 年，英国查尔斯王子和戴安娜王妃在伦敦圣保罗大教堂成婚，戴安娜王妃穿着的 7.6 米超长裙摆的拖地长裙给人们留下了深刻印象，这件惊艳世界的婚礼服所用的丝绸面料，正是苏州东吴丝织厂生产的塔夫绸。苏州的塔夫绸登上了国际舞台，赢得了世界性的荣誉。这些档案被完好地保存在中心的库房中，包括英国王室当时的英文订货单原件，婚礼选用的真丝塔夫绸样本及相关照片，还有制作塔夫绸的技术资料等。

漳缎及其祖本。漳缎是采用漳绒的织造方法，按云锦的花纹图案织成的缎地绒花织物。外观缎地紧密肥亮，绒花饱满缜密，质地挺括厚实，花纹立体感极强。漳绒源自福建漳州，而漳缎却源于苏州。清初，聪慧细腻的苏州人将漳绒改进创新，发明了风格独特的丝绒新产品漳缎。漳缎一经问世，康熙皇帝即令苏州织造局发银督造，大量订货专供朝廷，并规定漳缎不得私自出售，违者治罪。道光中叶鸦片战争前，朝廷皇室贵族及文武百官的外衣长袍马褂，多以漳缎为主要面料，此外，漳缎还用做高档陈设及桌椅套垫用料，当时也是漳缎生产的全盛时期。新中国成立后，北京迎宾馆和民族文化宫两大建筑的装饰用丝织品及沙发、椅子等套垫，采用的也是苏州产的漳缎。2014 年 11 月亚太经合组织（APEC）第 22 次领导人非正式会议上，亚太国家女领导人和领导人女配偶服装的装饰采用的亦是漳缎。如今，苏州漳缎织造技艺已经列入江苏省非物质文化遗产名录。中心馆藏的漳缎有宝蓝喜字镶金漳缎、咖啡色团花纹漳缎、紫色喜字圆形纹漳缎、紫色地扇形葫芦纹彩色漳缎等，而馆藏更珍贵的是 24 件漳缎祖本。这些祖本主要出自 20 世纪 60 年代，大多由两到三种颜色的粗线编制而成，四周还有很多散乱的粗线头，经过历史的洗涤，部分粗线还略有褪色。看着这些祖本，你很难想象她们与华丽的漳缎有何联系。其实祖本相当于织物的遗传密码，业内称作丝绸产品的"种子花"，《天工开物》中说："凡工匠结花本者，心计最精巧。画师先画何等花色于纸上，结本者以丝线随画量度，算计分寸秒忽，而结成之，张悬花楼之上。即织者不知成何花色，穿综带经，随其尺寸度数，提起衢脚，梭过之后，居然花现。"描述的正是我国古代丝织提花生产过程中非常重要的一步——挑花结本。而祖本则是挑花结本产生的第一本花本，又叫母本。有了祖本，就好似有了复制用的模本，可以复制出许多花本，因此这些祖本是非常珍贵的研究漳缎工艺的实物档案。

像锦织物，丝织人像、风景等的总称。以人物、风景或名人字画、摄影作品为纹样，采用提花织锦工艺技术，一般由桑蚕丝和人造丝交织而成，是供装饰和欣赏用的丝织工艺品。在织造时利用黑白或彩色经纬线，通过变化织物组织方法获得层次分明的效果，使织物表面再现与照片同样生动的人物或景物。像锦织物按其结构、色彩运用可分为黑白像锦和彩色像锦两大类。中心馆藏 700 余件像锦织物，既有 20 世纪五六十年代苏州织制的以园林为题材的风景像锦织物，又有马克思、恩格斯、列宁等伟人和国家领袖等人物像锦，内容丰富多彩，形象栩栩如生，具有极高的艺术价值。

（三）神秘的科技档案

美轮美奂的丝绸样本深深吸引着我们的眼球，同样引人注目的还有许多神秘的科技档案，包括丝织品工艺设计书、订货单和意匠图等。

丝织品工艺设计书上详细记载了丝绸的品种规格、工艺程序、产品特征、理化指标、原料技术指标等信息，工艺程序中又按步骤逐条记录了详细的生产过程及每个步骤的注意事项，对今后复制或开发生产同类产品具有极大的参考和应用价值，同时为新的丝绸产品的开发提供了创意。一些新产品还会有新品开发材料及投产工艺设计，具体内容包括新产品开发任务书、品种规格单、新产品开发可行性分析报告、新产品试制报告、产品实样、织物样品、检验报告等，是非常完备的生产管理和技术科研档案。

丝绸订货单上清晰列出了丝绸的品号、品名、花色号、订货对象、数量、生产单位等，其中不乏许多销往国外的丝绸，如销往英国、阿联酋、新加坡、瑞士、加拿大、日本。前文提到的戴安娜王妃的婚礼服布料的英文订货单原件就完整地保存在中心的库房，上面清楚地写着：苏州东吴丝织厂生产的水榭牌深青莲色塔夫绸，订货数量是 14 匹 420 码。大量的订货单记录了苏州丝绸远销全球的历史，表明了丝绸在东西方交流中发挥着重要作用。而今，中国人民用"一带一路"搭建起中国梦与世界梦息息相通的桥梁。古老的丝绸从历史深处走来，融通古今、连接中外，将再次见证中外人民的深厚情谊。

意匠图是另一个非常重要且极富特色的科技档案，在整个丝绸织造过程中起着承上启下的关键作用。把不同的图案纹样织制到丝绸织物上，需要根据图案纹样结合丝织物的组织结构将各种不同图案纹样放大，绘制在一定规格的格子纸上，这种格子纸称为意匠图纸，纵格相当于织物中的经纱，横格相当于纬纱，格子纸上的图纹统称意匠图。第一次看到馆藏的意匠图，内心有一种莫名的感动，不同规格的意匠图纸上画着各式各样美丽的图案，凑近看有一种眼花缭乱之感，那密密麻麻的方格里填涂着不同的色彩，光光涂满那些格子就不知需要花费多少时间和精力。意匠图完成之后，才能根据意匠图织造出同样图案的织物,美丽的图案花型才会呈现在我们眼前。了解了意匠图的故事,便愈加觉得这些瑰丽秀美的丝织物来之不易,我们一定要好好地将之传承下去。

三、让丝绸之花永远绽放

近3万卷的近现代中国苏州丝绸档案是苏州档案人的骄傲,守着这个宝贝,应该怎么做呢?是像藏宝一样将它们藏在深闺秘不示人吗?苏州的档案人给出了不一样的答案,走出了一条别样光彩的道路。

档案人深知档案的重要价值之一就是开发利用,让静态的档案"活"起来,才是对它更好的守护。依托丰富的丝绸档案资源,中心与丝绸生产企业开展了多领域合作,对传统丝绸品种进行抢救、保护和开发利用,拓展了档案资源利用的新途径。

2014年11月10日,出席APEC会议欢迎晚宴的各国领导人及其配偶身穿的名为"新中装"的现代中式礼服惊艳亮相,受到了世人的瞩目。这些"新中装"采用的极具东方韵味的宋锦面料,正源自中心的宋锦样本档案。早在2012年,中心与吴江一家丝绸企业开展合作,以馆藏的宋锦样本档案为蓝本,通过对机器设备的技术革新,研发出10余种宋锦新花型和新图案,让古老的宋锦技艺走出了档案库房,在世人面前焕发新的生机和活力,并最终走上了APEC这一国际舞台,赢得了世界人民的赞赏。此后的2015年第53届世界乒乓球锦标赛颁奖礼仪服装和纪念中国人民抗日战争暨世界反法西斯战争胜利70周年大阅兵上使用的福袋,均源自宋锦,引发了新一轮的宋锦热和丝绸文化热。

截至目前，中心已与苏州圣龙丝织绣品有限公司、苏州天翱特种织绣有限公司、苏州锦达丝织品有限公司、苏州工业园区家明织造坊、顾金珍刺绣艺术有限公司等 14 家丝绸企业合作建立了"苏州传统丝绸样本档案传承与恢复基地"。通过合作，完成了对宋锦、漳缎、纱罗等传统丝绸品种及其工艺的恢复、传承和发展，开发出了纱罗宫扇、宫灯、宋锦、纱罗书签，新宋锦箱包、服饰等不同织物属性的产品和衍生产品。那一块用真金织成的米黄色地万字双鸾团龙纹宋锦残片，即在苏州工业园区家明织造坊织工的巧手下复制成功，明代的宋锦残片就这样在现代成功"复活"，这是档案部门与企业共同努力的结果。

除了自身寻求新发展新途径，档案部门希望更多的人加入到了解、保护和传承丝绸文化的队伍中来。苏州市档案局和中心围绕丝绸档案做了大量工作，并取得了诸多阶段性成果。目前，中心已申请并获批建立了中国丝绸品种传承与保护基地和丝绸档案文化研究中心、江苏省丝绸文化档案研究中心。国内首家专业的丝绸档案馆——苏州中国丝绸档案馆也在苏州启动建设，总投资 1.8 亿元，为更好地保护这批丝绸档案、传承和弘扬丝绸文化提供了基础和平台。同时，积极申报各项名录，多渠道向人们展示丝绸档案的魅力。2011 年，经苏州市珍贵档案文献评选委员会审议，该档案被列入第三批苏州市珍贵档案文献名录。2012 年，经江苏省珍贵档案文献评审委员会审议，该档案列入第四批江苏省珍贵档案文献名录。2015 年，经中国档案文献遗产工程国家咨询委员会审定，该档案入选中国档案文献遗产名录。2016 年 5 月，经世界记忆工程亚太地区委员会（MOWCAP）审定，该档案入选世界记忆亚太地区名录，成为我国继《本草纲目》《黄帝内经》"元代西藏官方档案"等之后又一入选世界记忆亚太地区名录的档案文献，也是国内目前唯一一组由地市级档案馆单独申报并成功入选的档案文献。

面对这份宝贵的财富，我们想说的太多，要做的太多，希望通过档案人和社会各界的努力，使这批近现代中国苏州丝绸档案绽放出姹紫嫣红的花朵，让中华民族最美丽的发明永远散发绚烂的光芒！

参考文献

陈鑫等：《苏州丝绸业的记忆——苏州丝绸样本档案》，《江苏丝绸》2013 年第 6 期。

陈鑫、卜鉴民、方玉群：《柔软的力量——苏州市工商档案管理中心抢救与保护丝绸档案纪实》，《中国档案》2014 年第 7 期。

甘戈、陈鑫：《漳缎三问》，《档案与建设》2015 年第 2 期。

李平生：《丝绸文化》，山东大学出版社 2012 年版。

刘立人等编著：《丝绸艺术赏析》，苏州大学出版社 2015 年版。

赵丰主编：《中国丝绸通史》，苏州大学出版社 2005 年版。

赵丰：《天鹅绒》，苏州大学出版社 2011 年版。

朱亚鹏：《让美丽图案在丝绸织物上绽放——意匠图》，《档案与建设》2015 年第 12 期。

作者简介

栾清照，女，苏州市工商档案管理中心，馆员。

陈鑫，女，苏州市工商档案管理中心，副研究馆员。

卜鉴民，男，苏州市档案局副局长、苏州市工商档案管理中心主任，研究馆员。

中国工业文化遗产的保护与开发

徐拥军　王玉珏　王露露

一、中国工业文化遗产及其保护与开发概况

（一）工业文化遗产的内涵与构成

2003 年 7 月，国际工业遗产保护协会（The International Committee for the Conservation of the Industrial Heritage，TICCH）在《关 于 工 业 遗产的下塔吉尔宪章》(The Nizhny Tagil Charter for the Industrial Heritage，简称《下塔吉尔宪章》) 中提出："工业遗产包括具有历史、技术、社会、建筑或科学价值的工业文化遗迹，具体包括建筑、机器、车间、工厂、作坊、矿区以及加工提炼等遗址，用于能源生产、转换和利用的仓库、商店、运输工具和基础设施以及场所，还包括用于住房供给、宗教崇拜和教育等与工业相关的社会活动场所。"2006 年 6 月，中国工业遗产保护论坛通过的《无锡建议》对工业遗产的定义与《下塔吉尔宪章》类似，即"具有历史学、社会学、建筑学和科技、审美价值的工业文化遗存。包括工厂、车间、磨房、仓库、店铺等工业建筑物，矿山、相关加工冶炼

场地，能源生产和传输及使用场所、交通设施、工业生产相关的社会活动场所，相关工业设备，以及工艺流程、数据记录、企业档案等物质和非物质文化遗存"。

从上述定义可见，《下塔吉尔宪章》和《无锡建议》都将"文化"作为"工业遗产"概念阐释的中心词汇，强调了工业遗产本质上归属于文化遗产。工业遗产作为城市变迁和历史发展的承载物，反映了不同时期的城市经济发展、市民生活变迁和工作方式蜕变等城市集体记忆，具有不可替代性和不可复制性。褪去工业时代的城市功能后，随着时间的沉淀也同时衍生出强烈的人文主义色彩。"工业文化遗产"这一概念更加强调工业遗产所具有的文化属性和社会属性，侧重于为物质化和功能化的工业遗产赋予人文主义的精神内涵，而非仅仅是城市发展的附属品和装饰物。

与《下塔吉尔宪章》相比，《无锡建议》将"工艺流程、数据记录、企业档案"等非物质文化遗存也视为工业文化遗产，这反映了中国对工业文化遗产认识和实践的特色。尤其是，中国自20世纪60年代起建立了以科技档案为主体的企业档案工作体系，积累了数量庞大的企业档案。以中央企业为例，2009年对87家中央企业的不完全统计表明，其保管的纸质档案达1亿多卷，库房总面积达207万余平方米。这些企业档案是中国工业文化遗产重要且独具特色的组成部分。

（二）中国工业文化遗产的类型与分布

中国工业文化遗产按照形成历史时期，可以分为三类：一是古代工业遗产，即那些见证古代手工业和工程技术的矿山和冶炼遗址、古代陶瓷窑厂遗址、古代手工作坊遗址等，如湖北铜绿山古矿遗址、安徽淮南寿州窑等。二是近代工业遗产，即那些反映中国近代工业文明的遗产，主要源于鸦片战争到 1949 年间建立起来的民族工业和国外资本创办的工业，具有半殖民地半封建的烙印，民族特色明显，如南通大生纱厂。在地域上主要集中于半殖民化的沿海沿江城市，如上海、广州、青岛、武汉等。三是现代工业遗产，即中华人民共和国成立以来在工业化进程中形成的工业遗产，在地域上主要集中在东北、西北、西南传统工业区以及珠三角、长三角等东部沿海发达地区，如青岛啤酒厂早期建筑、酒泉卫星发射中心导弹卫星发射场遗址等。古代工业文化遗产和近代民族工业也是中国工业文化遗产的重要和特色组成部分，应予以足够重视。

（三）中国工业文化遗产保护与开发的历程

1986 年 10 月，清华大学汪坦先生主持召开了第一次中国近代建筑史研讨会，标志着中国近代建筑研究的开始。随后展开的全国范围近代建筑调查和研究工作，主要以公共建筑、宗教建筑和居住建筑为主；近代工业建筑作为近代建筑的一个组成部分，虽然也在调查研究之列，但没有作为中国近代建筑研究以及保护的重点。

2006 年 4 月 18 日国家文物局在无锡举办"无锡论坛"，通过了在中国工业遗产保护历史上具有里程碑意义的《无锡建议》。2006 年 5 月国家文物局印发《关于加强工业遗产保护的通知》（文物保发〔2006〕10 号），在国家层面拉开了中国工业遗产保护的序幕，掀起了中国工业遗产保护的高潮。

2007 年开始开展的第三次全国文物普查首次将工业遗产纳入调查范围，工业遗产成为新发现遗产的主要内容。2010 年国家文物局开始了第七批全国重点文物保护单位的申报和评审工作，通过专家评审的工业遗产多达 120 余处，重点是近代工业遗产。2013
年 3 月公布的第七批国家文化遗产中，工业遗产作为新型文化遗产
被列入近现代重要史迹及代表性建筑类。可见，中国对工业遗产的
重视程度越来越高。

近年来，国内关于工业遗产保护与开发的实践陆续开展，中山
岐江公园、成都东区音乐公园、北京 798、汉阳造文化创意产业园
等工业文化遗产保护与开发项目逐渐被大家所熟知。

二、中国工业文化遗产保护与开发面临的挑战

2006 年《无锡建议》和《关于加强工业遗产保护的通知》出
台以来，中国工业文化遗产保护与开发取得长足进步。但是，总体
形势仍不容乐观。调查数据表明，中国民国时期建立的工业文化遗
产现存完好的不足 20%，而日伪时期建立的工业文化遗产现存完
好的不足 30%，从 1949 年至"文化大革命"这一历史时期建立的
工业文化遗产现存完好的为 40%。究其主要原因如下：

（一）思想认识的偏差

一是工业文化遗产保护意识淡薄。许多地方政府官员和群众不
能充分认识到工业文化遗产的历史、文化和经济价值，认为大量废
弃工业建筑有碍观瞻，是城市发展进程中必须清理的污染物。对工
业文化遗存整体印象趋于消极否定，由此导致了大量工业建筑物遭
到拆除。譬如，2004 年 3 月，原沈阳冶炼厂见证中国老工业基地
发展史的 3 座百米大烟囱遭到了爆破拆除。在拆除之前，围绕 3 座
大烟囱的拆与留，引起了一场旷日持久的争论。以全国政协委员

冯世良为代表的"主留派"建议修建一个以烟囱为主题的纪念馆。"主拆派"坚持强调要通过拆除大烟囱来表明沈阳告别高污染、高耗能老工业时代的决心。而"主拆派"的呼声在当时占了上风，3座百米大烟囱最终成为让后人怀念、遗憾的历史。

二是工业文化遗产开发理念偏差。许多地方政府和企业过度重视工业文化遗产的经济价值，未坚持保护性开发理念，造成过度商业化、破坏性的开发。例如，坐落于吉林省长春市、被称为"新中国电影的摇篮"的长春电影制片厂，在国内兴起的房地产开发浪潮中，让位于住宅、商厦和写字楼，大部分厂区被改建为商品住宅，原建筑被大量拆除，总建筑面积缩小了一半。

（二）法律制度的缺失

工业文化遗产保护与开发涉及众多的利益主体和复杂的权责关系，依赖于法律法规、规章制度保证，但中国这方面的法律制度仍存在缺失。中国没有专门的工业文化遗产法律或行政法规，仅有《中华人民共和国文物保护法》《中华人民共和国非物质文化遗产法》《城市紫线管理办法》《关于加强对城市优秀近现代建筑规划保护工作的指导意见》《关于加强文化遗产保护的通知》《关于加强工业遗产保护的通知》等相关法律制度涉及工业文化遗产，如下表所示。其中，只有2006年国家文物局印发的《关于加强工业遗产保护的通知》专门针对工业文化遗产。但这一《通知》在形式上仅仅是个规范性文件，不具备权威的法律效力；在内容上也只做了原则性规定，缺乏有效的可操作性。

表 1　中国工业文化遗产相关法律制度情况

序号	颁布时间 /修订时间	制定机构	名称	内容说明	性质
1	1982 年 11 月 19 日 /2013 年 6 月 29 日	全国人大常委会	《中华人民共和国文物保护法》	对文物和历史文化遗产的保护，未明确提及工业文化遗产	法律
2	2003 年 11 月 15 日 /2010 年 12 月 31 日	建设部	《城市紫线管理办法》	对城市历史文化街区和历史建筑的保护，未明确提及工业文化遗产	部门规章
3	2004 年 3 月 6 日	建设部	《关于加强对城市优秀近现代建筑规划保护工作的指导意见》	对城市优秀近现代建筑的保护，未明确提及工业文化遗产	规范性文件
4	2005 年 12 月 22 日	国务院	《关于加强文化遗产保护的通知》	对文化遗产保护，未明确提及工业文化遗产	规范性文件
5	2006 年 5 月 12 日	国家文物局	《关于加强工业遗产保护的通知》	唯一直接面向工业文化遗产	规范性文件
6	2011 年 2 月 25 日	全国人大常委会	《中华人民共和国非物质文化遗产法》	对非物质文化遗产的保护，未明确提及工业文化遗产	法律

（三）责任主体的缺位

虽然《中华人民共和国文物保护法》（以下简称《文物保护法》）规定"国务院文物行政部门主管全国文物保护工作"，但目前只有极少数工业文化遗产被列为全国重点文物保护单位。事实上，文物部门能否有权或有多大权限管理工业文化遗产问题还有待商讨，遑论对那些没有得到文物认定的工业文化遗产进行合理、完善的保护。而且工业文化遗产保护与开发涉及文物、文化、规划、建设、旅游、档案、宣传、教育、信息化、财政等诸多部门，由于缺乏协调和制约机制，仅凭各级文物局这一"弱势部门"无法有效统筹规划、指导监督工业文化遗产保护与开发工作。

在实际工作中，当工业文化遗产保护与基础设施建设产生矛盾时，建设部门总是压倒文物部门。譬如，2014年8月，长沙市雨花区长重社区的14栋筒子楼遭到了拆迁。长重社区的红砖房，是20世纪50年代建设的苏式建筑，它见证了近代以来各个时期工业的发展进程，属于长沙为数不多的工业遗产。国家文物局规定，城市规划建设、棚户区改造工程都应服从于文物保护，然而这个棚户区改造项目最终通过相关政府部门的批准，予以拆迁处理。

（四）战略规划的偏失

制定战略规划可以明确工业文化遗产保护和开发的原则、目标和主要措施，认定自身优势与外部机会，提高保护和开发的预见性、科学性和系统性。但现实中，中国工业文化遗产保护与开发战略面临以下挑战：

一是内容同质化。据统计，目前北京、上海、广东、山东、江苏、安徽、湖南、湖北、浙江、河南、云南、河北、四川等省市甚至很多县都在政府层面制定了发展文化创意产业的规划。许多地区以北京798艺术区为开发典范和成功案例，争相将工业厂房转换为创意艺术园区，或者将工业厂房发展为工业文化旅游区。虽然少数地区取得成功，但多数地区因为没有认识到自身的核心竞争力、缺乏充分的调查研究，其战略规划趋于僵化单一，最终造成全国范围内严重的同质化竞争、重复建设、资源浪费现象。

二是文化工具化。工业文化遗产经济价值开发是将文化活用为经济发展的工具。但是文化工具化必须有个度，这既是追求长远发展的根本要求，也是保护工业文化遗产的基本原则。许多地方将工业遗存纯粹作为推动城市经济发展的营销手段，却忽略了对其中的文化内涵进行深层次认知和解读，造成不少工业文化遗产开发项目商品化、肤浅化，缺乏精神和文化内核。例如，哈尔滨市西城红场是目前东北三省最大的商业综合体，由哈尔滨市机联机械厂几栋老厂房改建而成，改造后仅有一些钢管雕塑勉强保留原有的工业痕迹，文化味尽失。

三是保护形式化。工业文化遗产应"以保护推开发、以开发促保护"。中国很多开发商在投资开发工业遗存地段时，以追逐经济利润最大化为最终目标，无视工业文化遗产的文化价值和社会功能。由于缺乏兼顾文化价值与经济价值的法律约束和行政管制，表现出较大的盲目性、片面性和功利性。譬如，大庆油田被建成主题公园后，由于利益诱惑，其后不断进行大规模的破坏性修缮，严重偏离了工业文化遗产保护和开发的宗旨。

四是空间分异化。工业文化遗产作为城市功能的重要组成部分，首先是当地居民公共服务设施的一部分，其次才具有后续的商业性和经济效用。然而，商品化和工具化的工业文化营销策略将"原住民"隔离出去，既影响了当地人的日常生活需求和节奏，又破坏了当地居民的社会记忆和人文情感，使得他们成为被边缘化的公共人群，最终造成将工业遗存空间分异为旅游人群和原住居民，完全背离现代城市发展的人文主义原则。

（五）资金投入的匮乏

一是资金来源单一。中国工业文化遗产保护经费主要来源于国家和地方政府拨款，社会和企业的资金投入较少，民间公益性基金鲜有投入。国家和地方政府财政拨款至文物部门后，文物部门再依据文物保护等级进行分配。而进入文物保护单位名录的工业文化遗产本来就少，而且文物部门的资金又更倾向于保护历史古迹而非工业文化遗产。

二是成本控制困难。相对于其他文化遗产，工业文化遗产往往占用大量土地空间，其保护所需的资金投入要求更大。在经济增长放缓、公共财政紧张的今天，政府和社会缺乏动力为只有纯粹社会效益的项目持续投入经费。如果工业文化遗产无法通过自身经济价值开发实现"以开发促保护"，则工业文化遗产保护的可持续性难以维持。但是，中国为数不多的工业文化遗产开发项目，大多是由政府指定机构主导，缺乏符合市场规律的资金筹措能力和成本控制机制，以致于开发进程缓慢甚至被迫中途搁置。

三、中国工业文化遗产保护与开发的对策建议

（一）加强宣传教育，增强思想认识

充分认识工业文化遗产的价值，树立正确的保护与开发理念，是科学开展工业文化遗产保护与开发工作的思想前提。譬如，德国鲁尔区（Ruhr Industrial Base）经历了再工业化、去工业化和新型工业化三个阶段，对于工业文化遗产的社会认知也经历过种种误区，直到进入新型工业化阶段后，工业文化遗产才进入真正的创意

开发阶段，区域发展和社会认知的价值观发生了很大的改变，城市产业遗存的社会文化价值可以派生出经济价值这一观点得到了普遍的认同和肯定。在排除了思想障碍后，当地政府才开始有针对性地策划工业文化遗产开发，通过精细的运营设计寻求工业文化遗产保护和经济发展的最佳契合点，最终将社会文化价值物化并上升为旧工业城市发展的有效生产要素之一。

中国可借鉴鲁尔区的经验，注重增强公众的工业文化遗产保护与开发思想认识。针对政府官员、青少年和普通民众三类主要群体，可采取相应的宣传教育措施：

一是针对政府官员改革政绩评价体系。 在以经济增长率为政绩评价主要标准的引导下，一些地方政府官员对发展文化事业采取较为消极的态度。因此，必须改革政绩评价体系，将包括工业文化遗产保护在内的文化事业发展成绩列为政绩评价重要指标，甚至实行文化遗产破产一票否决制，促使地方政府官员重视保护工业文化遗产。

二是针对青少年加强遗产保护教育。 可在高校开设有关工业文化遗产保护与开发方面的专业方向、课程，在中小学的相关课程中增加工业文化遗产保护与开发的教学内容，而且通过组织学生参观创意产业园区、工业旅游景点、工业文化博物馆等，使他们切实感受工业文化遗产的魅力，从而增强工业文化遗产保护的意识和自觉性。

三是针对普通民众注重社交媒体宣传。 面向普通民众传播工业文化遗产保护与开发的知识、信息，目前最有效的途径是微博、微信等社交媒体。譬如，可以通过微博发起话题，鼓励公众参与讨论；通过微信公众号发布工业文化遗产保护与开发的相关资讯；在知乎上为对工业文化遗产有疑问的网友答疑解惑。此外，还可以制作兼具趣味性与知识性的工业文化遗产保护与开发的宣传性或科普类视频，或者通过直播技术面向广大网友介绍工业文化遗产的产生背景、文化内涵和开发成果等。

（二）完善法律制度，实行分类保护

从长远来看，建议国家出台专门的《中华人民共和国工业文化遗产法》或《工业文化遗产条例》，同时在《文物保护法》《非物质文化遗产法》等相关法律制度中增加有关工业文化遗产的条款，以使工业文化遗产保护与开发有法可依、有章可循。

一是依托现行法律实行分类保护。鉴于专门立法在立法成本和周期等方面的问题，建议现阶段对工业文化遗产实行分类保护。可以将工业文化遗产分为两大类：可认定为文物保护单位的工业遗产和非文物保护单位的工业遗产。对于可认定为文物保护单位的工业文化遗产，依据《文物保护法》进行保护。对于非文物保护单位的工业文化遗产，可以结合《非物质文化遗产保护法》《城市紫线管理办法》等加以保护。此外，对于工业文化遗产中的无形工业文化遗产，即"工艺流程、数据记录、企业档案"等非物质工业文化遗产，还可运用现有的《中华人民共和国著作权法》《中华人民共和国专利法》《中华人民共和国商标法》和《中华人民共和国档案法》及其实施办法加以保护。这样既可以最大限度地利用现有的法律资源，又可以及时地对现存工业文化遗产展开全面保护。

二是鼓励地方先行立法试点。一些地方可先行出台地方性工业文化遗产法规，一方面促进当地工业文化遗产保护与开发进程，另一方面先进行局部探索和实验，为将来国家层面的立法提供经验参考。例如，2016 年 9 月，湖北省黄石市就出台了中国首部保护工业文化遗产的实体性地方法规——《黄石市工业遗产保护条例》。该《条例》鼓励工业文化遗产在妥善保护的前提下，与文化创意产业、博览科学教育、旅游生态环境等相结合，实现集中展示和合理利用；同时，还支持对工业遗产向社会公众开放、征集收藏、陈列展示、学术研究与交流等。

（三）明确责任主体，建立协调机制

一是建立国家层面的责任机构或协调机制。例如，英国根据《国家遗产法》（National Heritage Act）成立了英格兰遗产委员会（英格兰历史建筑暨遗迹委员会，Historic Buildings and Monuments Commission for England），负责和主导英国工业文化遗产保护。英国地方政府则通过规划审批控制，确保任何涉及工业文化遗产的建设项目，都能提供科学合理的保护方式，并落实长期的维护和管理。中国可在中央建立"全国工业文化遗产部际联席会议"，由国家文物局牵头，宣传部、国家发展改革委、住房和城乡建设部、国土资源部（现自然资源部）、教育部、工业和信息化部、环境保护部（现生态环境部）、国家旅游局（现文化和旅游部）、国家档案局、财政部等相关职能部门参加，解决工业文化遗产保护与开发工作中的顶层设计、统筹协调、分工协作等问题。或者，可对现有的"全国文物安全工作部际联席会议"的名称、成员单位和职责进行调整、拓展，使之可以涵盖工业文化遗产保护与开发工作。各地也可仿照中央建立类似的工业文化遗产保护与开发议事协调机构或机制。要进一步明确各级政府在工业文化遗产保护和开发中的责任，强化文物部门的工作职责，理顺文物部门与其他部门（尤其是建设部门）之间的职责范围和关系。

二是鼓励成立民间非营利性的工业文化遗产协会。吸收文物机构、文化创意企业、旅游行业、博物馆、档案馆、高校等方面的人士参加工业文化遗产协会，促进各个行业、各类机构的跨界合作；鼓励企业、公民建立工业文化遗产基金，提供民间参与工业文化遗产保护与开发的平台和途径，充分调动社会各方面的积极性和资源。

（四）制定遗产登录制度，建立档案与数据库

工业文化遗产保护与开发的重要前提和基础是调查、鉴别、登录、统计工业文化遗产，做到"摸清家底、心中有数"。例如，英国根据《规划（登录建筑和保护区）法》(Planning [Listed Buildings and Conservation Areas] Act) 建立了工业文化遗产的登录制度。该法对"登录建筑"予以了明确定义并制定了具体的登录建筑普查、评估、鉴定、分级程序和标准。中国目前没有关于工业文化遗产数量、分布情况的可信数据，更没有关于各个工业文化遗产在形成年代、物质形式、社会意义、保护开发情况等方面的具体信息。因此，有必要建立工业文化遗产登录制度，通过全面普查、定期申报和严格鉴别，收集现存工业文化遗产信息，制定遗产名录，进行分级分类统计。同时，要建立工业文化遗产档案和数据库，为工业文化遗产保护和开发提供凭证和信息服务。

（五）转移开发责任，实行"区域政策区域化"

在工业文化遗产开发过程中，如何确保开发符合公众需求，如何对改造过程中的环境质量和经济成本进行控制是确保工业文化遗

产得以高效开发的关键。在这一方面可以借鉴鲁尔区独创的"区域政策区域化"政策。该政策主张区域结构朝多元化方向发展，各个区域在鲁尔区内部遵循自由竞争的市场规则下，基于自身的基础设施情况和工业遗存分布，灵活制定工业文化遗产开发项目，将经济结构调整过程中的资金压力与开发责任进行分散转移，从而激励各个区域打造出个性化的高附加值文化产品。中国要克服"政府包办一切""大政府小社会"弊端，从两个方面推行"区域政策区域化"政策。

一是形成公私合作机制。公私合作机制是以政府为主，引导公有或私人企业、非营利性组织加入的多方合作模式。基本流程为：由政府购入工业遗存地段后，自行完善基础设施，然后将其转卖给开发商，进而由政府、企业和指定公共机构合作开发，项目的开发资金投入可以部分来自于民间资本。

二是引导公众参与开发。重视公众力量是在公众需求多样化、私人资本介入和追求利润最大化等条件下的必然产物，保护工业文化遗产的最终目的也是满足市民和游客的公共服务需求和精神文化需求。因此，公众是工业文化遗产开发过程中必不可少的参与主体。政府首先要确保开发政策公开透明化；其次可以通过建立开放自由的创意征集机制，将公众力量作为工业文化遗产开发的重要创意源泉，使得工业文化遗产开发项目更为人性化、社会化和合理化；再次可以通过建立有效的公众参与和监督机制，引导公众力量和社区组织加入工业文化遗产的开发过程中，通过社区力量对市场力量的牵制，促进工业文化遗产开发经济效益与社会效益的平衡。

（六）坚持因地制宜，推行多元化开发战略

各地应根据不同类型工业文化遗产的位置分布、建筑特色和历史背景，采取相应的开发战略。

一是文化型开发战略。主要针对寄托着独特社会记忆和人文情感的工业遗存。其中，不可移动工业遗存一般是传统社交活动较为活跃的生活区或者工作区地段，建筑特色鲜明，寄托着人们的特殊文化情感和怀旧情结，兼具社会文化价值和历史研究价值。以保护传统文化为主导思想，在确保工业遗存不受破坏的前提下对其进行适当改造，多以博物馆、展览馆的形式进行保护和展示，从而充分发挥历史文化象征作用。譬如，江南造船厂被列入保留范围的是面积达 9.95 万平方米的大型厂房和仓库，包括船体联合车间、东区装焊厂等，这些厂房跨度达 60 多米，结构坚实、空间完整、功能转换余地大。这些厂房后来被改造成巨大的博物馆和展览馆，成为大型博览的特色设施，如海洋博物馆、水族馆等，实现了历史与未来的交汇。

二是生态型开发战略。主要针对生态环境受到严重破坏的不可移动工业遗存，通过环境整治和人工复原使之恢复生态原貌并进入良性发展轨道。此类遗址大多占地面积较大，地貌景观以废弃的大型钢铁厂房、烟囱及瓦斯罐为主，这些建筑和构筑设施在经济、技术和环境上都难于处理。因此，可从降低资源消耗的角度，对废弃建筑进行创意改造和再利用，强化美学景观意义和生态特质，对自然和人文景观进行统一规划和整体设计，整合成可为公众提供休闲、运动、文化、娱乐等功能的城市公共活动空间，例如景观公园、运动场等。例如，鲁尔区北杜伊斯堡景观公园（North Duisburg Landscape Park），将废旧的贮气罐改造成潜水训练池，将贮存矿石和焦炭的料仓改造为攀岩、儿童活动、展览等健身娱乐活动场所，将高炉的铸造车间改造成观景塔、音乐厅和露天影剧院，还利用工业活动沉积的废渣铺筑道路、广场和河床，这些举措都体现了鲁尔区所坚持的生态环保理念。

三是商业型开发战略。主要针对具有较高利用价值和投资改造潜力的工业遗存，其中不可移动工业遗存大多位于城市中心地区或其他重要地段。这类开发战略需要考虑到地段的潜在经济价值、交通地理位置和城市整体经济规划，以信息、金融、服务业为代表的第三产业为主要产业结构，积极引入创意产业元素，打造集娱乐、购物、参观和休闲为一体的娱乐消费场所，在开发过程中较为重视开发成本、开发强度和经济效益。例如，鲁尔区奥伯豪森（Oberhausen）中心购物区，以高 117 米的巨型储气罐为地理中心和文化标志，在原址上新建了十万多平方米的购物商场，还包括影视娱乐场所、美食文化街、Centro 冒险公园和大型海洋生物馆等现代化娱乐休闲场所。由于拥有独特的地理位置以及优越便捷的交通设施，奥伯豪森中心购物区，吸引了来自周边国家购物、休闲和度假的周末游客，已成为整个鲁尔区购物文化的发祥地，并有望发展为奥伯豪森市新的城市中心，甚至欧洲最大的购物旅游中心之一。

（七）借力创意城市和智慧城市建设，推进创意开发和数字化

一是借助创意城市建设契机。创意城市是针对后工业化时代的产业结构调整、城市复兴转型等问题，提出的以创新文化资源为主要生产力资本的城市经济体系，也是创意经济和知识经济兴起的重要产物。工业文化遗产是发展创意产业的内容资产，而创意产业是工业文化遗产保护的活化。目前，中国众多城市都在大力推进

创意城市建设，借助这一契机可加速工业文化遗产保护与开发。以上海为例，上海是中国近代工业的发祥地，留存有丰富的工业文化遗产。大量优秀的工业文化遗产，浓缩了 19 世纪开埠以来上海城市建设和工业文明的发展历史。而利用工业文化遗产集中的区域作为创意产业聚集区和创意产业园区是上海营建创意环境、构建创意城市的重要途径。至 2009 年，上海市已经陆续公布了 4 批创意产业集聚区，共 82 处，其中 65 处为利用工业建筑遗产改建形成。2010 年上海成为联合国"创意城市网络"中的第 7 个"设计之都"。

二是推进工业文化遗产数字化。工业文化遗产的地理性、生产性、场所性等特点，使得单纯的文字描述、走马观花式的参观很难真实地展现、体验其全貌，无法让大众真正体会其魅力。现代数字技术具有直观性、虚拟性、互动性等特点，我们可以通过运用全新的采集记录手段，如图文扫描、立体扫描、全息拍摄、数字摄影、运动捕捉等技术，全面、动态地记录工业文化遗产现象、场景、事件或过程，再现其文化空间，使公众达到身临其境的效果。现在，全球传统实体的图书馆、博物馆、档案馆都在虚拟化，各种历史文献、非物质文化遗产都在数字化。工业文化遗产保护与开发也应适应这一潮流，加速虚拟化、数字化。尤其是，当前中国许多城市在推进智慧城市、互联网＋、大数据产业发展。作为城市重要文化场所或设施的工业文化遗产，其数字化也应纳入整个智慧城市建设的范畴，成为其中独特的组成部分。

（八）挖掘企业档案资源，形成中国特色开发

如前文所述，企业档案是中国工业文化遗产中重要和特色的组

成部分。我们应该突出这一资源优势，充分挖掘企业档案资源，形成具有中国特色的工业文化遗产保护与开发模式。譬如，苏州市工商档案管理中心与圣龙丝织绣品有限公司、天翱特种织绣有限公司、锦达丝织品有限公司等14家丝绸企业合作建立了"苏州传统丝绸样本档案传承与恢复基地"，以馆藏的东吴丝织厂、光明丝织厂和绸缎炼染厂等近代工厂留存下来的丝绸样本档案为蓝本，通过对机器设备的技术革新，完成了对宋锦、彰缎、纱罗等传统丝绸品种及其工艺的恢复、传承和发展；由合作企业研发生产的"新宋锦"相继被选为2014年APEC晚宴各国领导人"新中装"、2015年世乒赛礼服和纪念抗战胜利70周年阅兵天安门主席台福袋的面料；此外，还推出了纱罗宫扇、宫灯，宋锦、纱罗书签，新宋锦箱包、服饰等不同织物属性的产品和衍生产品。再如，张裕解百纳是中国葡萄酒的高端品牌，法国国际食品及饮料展览会（SIAL，International Food Products Exhibition）将张裕解百纳评为全球葡萄酒30个顶级品牌之一。在闻名全国的"张裕解百纳商标知识产权案"中，烟台张裕公司出具的20世纪30年代"解百纳"瓶标及1937年"中华民国实业部商标局"批准该公司注册"解百纳"商标的证书等企业档案，在张裕公司通过国家工商总局商标评审委员会审核，获得"解百纳"商标所有权过程中，起到了关键作用。张裕公司大力挖掘有关"解百纳"的企业档案，取得了良好的商业推广效果，促进了公司快速发展。

参考文献

TICCIH, The Nizhny Tagil Charter for the Industrial Heritage, Paris: TICCIH, 2003.

邓位、林广思：《英格兰历史遗产保护体系：法律法规及行政管理框架》，《风景园林》2014年第6期。

丁吉文：《档案与"解百纳"的品牌传承》，《中国档案报》2010年5月31日。

龚元：《英国历史建筑保护法律制度及其对我国的启示》，硕士学位论文，南京大学环境与资源保护法学，2014年。

郭汝、王远涛：《我国工业遗产保护研究进展及趋势述评》，《开发研究》2015年第6期。

胡刚：《城市工业遗产的创意开发》，硕士学位论文，上海社会科学院文艺学，2010年。

李莉：《浅论我国工业遗产的立法保护》，《人民论坛》2011年第2期。

李晓南：《我国工业文化遗产保护现状及利用的几点思考》，《科技创新与应用》2015年第20期。

刘伯英：《工业建筑遗产保护发展综述》，《建筑学报》2012年第1期。

栾清照：《如烟似水　摇曳多姿——漫谈近现代苏州丝绸样本档案》，《苏州档案》2016年第1期。

闵洁：《论我国工业遗产旅游的开发》，《廊坊师范学院学报（自然科学版）》2008年第5期。

彭芳：《我国工业遗产立法保护研究》，硕士学位论文，武汉理工大学文法学院经济法学，2009年。

宋晶：《德国鲁尔区城市产业遗存地再开发的考察与启示》，硕士学位论文，同济大学建筑学建筑与城市规划学院，2007年。

王国华、张京成主编：《创意城市蓝皮书：北京文化创意产业发展报告》，社会科学文献出版社2014年版。

王国慧、曾明：《"活"的中国工业遗产——江南造船厂》，《中国水运报》2006年12月18日。

王晶、李浩、王辉：《城市工业遗产保护更新——一种构建创意城市的重要途径》，《国际城市规划》2012年第3期。

杨冬权：《在中央企业档案工作会议上的讲话》，《中国档案》2009年第9期。

《无锡建议——注重经济高速发展时期的工业遗产保护》，《建筑创作》2006年第8期。

李琪、阳仑、朱甜甜：《56岁筒子楼将拆掉建高楼 专家：为数不多的工业遗产》，2014年8月13日，见http://hunan.voc.com.cn/article/201408/201408130838458615.html。

黄石日报：《黄石市工业遗产保护条例》，2016年9月20日，见http://www.hsdcw.com/html/2016-9-20/813627.htm。

司大旅游规划：《德国北杜伊斯堡景观公园》，2013年7月9日，见http://blog.sina.com.cn/s/blog_b197c6fe0101most.html。

四川新闻网：《工业文化遗产：不能拆除的记忆》，2007年8月29日，见http://news.sina.com.cn/o/2007-08-29/054212467824s.shtml。

新华网：《从拆除到保护：中国工业遗产开发渐受重视》，2014年7月14日，见http://finance.ifeng.com/a/20140714/12716459_0.shtml。

作者简介

徐拥军，男，管理学博士，中国人民大学信息资源管理学院副教授、博士生导师，人文北京研究基地副主任。主要研究领域为档案学、知识管理。获2015年中国人文社科最具影响力青年学者称号。

王玉珏，女，历史学博士，武汉大学信息管理学院讲师，法国 Centre Jean-Mabillon 实验室联合研究员，国际档案理事会教育培训委员会（ICA/SAE）委员（Member），国际档案理事会（New Professionals Programme）项目成员（Bursary Holder）。主要研究领域为档案学、非物质文化遗产。

王露露，女，管理学学士，中国人民大学信息资源管理学院 2016 级档案学硕士研究生，主要研究方向为档案学。

"苏州丝绸档案"
入遗的理论与实践启示

吴品才

中国古代丝绸之路的形成彰显了中国丝绸产品和丝绸产业的兴旺发达、享誉全球，而苏州是中国丝绸从古至今的重要生产地之一。几年前，为重振苏州丝绸产业，提升苏州丝绸文化的影响力，苏州专门出台了振兴丝绸产业的发展规划，这就为"苏州丝绸档案"的申遗提供了良好的契机。该档案 2011 年被列入第三批苏州市珍贵档案文献名录；2012 年进入省级珍贵档案文献名录；2015 年 5 月又被正式列入第四批中国档案文献遗产名录，同年被国家档案局推选参加世界记忆亚太地区名录申报。2016 年 5 月 19 日，从第七届 MOWCAP（联合国教科文组织世界记忆工程亚太地区委员会）大会上传来喜讯，"苏州丝绸档案"经专家评审，成功入选世界记忆亚太地区名录。自此，苏州成为目前中国国内唯一单独申报并成功入选联合国世界记忆亚太地区名录的地级市。

笔者认为，"苏州丝绸档案"的成功入遗为档案学理论与档案工作实践带来颇多启示。

一、"苏州丝绸档案"的由来与简介

自 1978 年后，随着改革开放的推行和市场经济的发展，我国许多国有企业面临前所未有的困难，于是，许多国有企业无奈选择"关、停、并、转"，苏州也不例外。但在苏州国有企业"关、停、并、转"过程中，苏州市委市政府高度重视这些企业原先的和改制过程中形成的档案管理问题，为了不使这些档案散失，2008 年专门成立了苏州市工商档案管理中心（前身为"苏州市工投档案管理中心"），集中统一地管理这些档案。中心成立之初，抢救式接收了苏州工业企业档案 200 万卷，将原来分散在市区各家企事业单位的大量文书、科技、会计类档案和 30 余万件丝绸样本档案加以整合，成为国内首家专门收集、保管和利用破产、关闭和改制企业档案的社会化专门档案机构。在这批被抢救的档案中，最引人注目的当属那 30 余万件丝绸样本档案。由于得到及时抢救和集中保存，这批足以彰显近现代国内传统丝绸织造业璀璨历史的样本档案资源，得以传承和发展。这就是"苏州丝绸档案"的由来。

"苏州丝绸档案"就是保存在苏州市工商档案管理中心里的主要源自以苏州东吴丝织厂、苏州光明丝织厂、苏州丝绸印花厂、苏州绸缎炼染厂、苏州丝绸研究所等为代表的原市区丝绸系统的 41 家企事业单位的各类丝绸档案，总数高达 29592 卷，其中丝绸样本 302841 件，它是现今我国乃至世界上保存数量最多、内容最完整也最系统的丝绸档案。这批档案是 19 世纪到 20 世纪末期，苏州众多丝绸企业、单位在技术研发、生产管理、营销贸易、对外交流过程中直接形成的，由纸质文件记录和丝绸样本实物组成的原始记录。

苏州市档案局副局长、苏州市工商档案管理中心主任卜鉴民介绍说，"这批档案非常特殊，特殊之处在于，它既有丰富、翔实的文字记录，又附有超乎想象的实物样本。内容涵盖了绫、罗、绸、缎、绉、纺、绢、葛、纱、绡、绒、锦、呢、绨等14大类织花和印花样本，而且这些样本、工艺和产品实物，大多来自上海、江苏、浙江、四川、广东、广西、山东、辽宁等国内重点丝绸产地，如此全面和丰富，全国找不到第二个。"如今这批档案已经成了苏州市工商档案管理中心的"镇馆之宝"。

二、"苏州丝绸样本"的档案元素挖掘

"苏州丝绸档案"的特别之处在于，它并非全是原始的文献记录信息，而是既有文件记录信息材料，又有丝绸实物样本。对于文件记录信息材料，它的档案属性是无疑的，因为它完全符合传统档案学理论意义上的档案概念，关键是这些丝绸实物样本是否也拥有档案属性呢？

1. 原始性

档案是人类社会实践活动的原始记录，原始性是档案信息的本质属性，它是档案信息区别于其他任何信息的重要标志。苏州丝绸实物样本，它们是丝绸，闪耀着传统丝织品的魅力，但它们却也真实记录着近百年间苏州市区及国内重点丝绸产地绸缎产品演变的历程，是当时丝绸产品技术研发、生产管理、营销贸易、对外交流过程中直接形成的，因而，苏州丝绸实物样本同样具有原始性。

2. 真实性

档案是人类社会实践活动的真实记录，档案上所记录和反映的

信息内容是人类历史上所发生的真实事件、真实过程和真实情形，具有真实性。而苏州丝绸实物样本也真实记录着近百年间苏州市区及国内重点丝绸产地绸缎产品演变的历程，是当时丝绸产品技术研发、生产管理、营销贸易、对外交流过程的真实反映，因而，苏州丝绸实物样本同样具有真实性。

3. 历史性

档案是人类社会实践活动真实的历史记录，它是过去发生过的历史事件、历史活动的真实记录和反映，因而，档案具有明显的历史属性，所以，我们常说，档案是历史之母，了解历史、查实历史最主要的是依靠档案。而苏州丝绸实物样本是过去百年间苏州市区及国内重点丝绸产地绸缎产品演变历程的真实记录和反映，它们既有晚清时期苏州织造署使用过的丝绸花本、民国时期的风景古香缎、真丝交织织锦缎、细纹云林锦等，又有列入中国非物质文化遗产名录和人类非物质文化遗产代表作名录的宋锦、列入江苏省级非物质文化遗产名录的纱罗、四经绞罗、漳缎及其祖本，还有荣获国家金质奖章的、代表国内当时丝绸业内最顶尖工艺的织锦缎、古香缎、修花缎、涤花绡、真丝印花层云缎、真丝印花斜纹绸等，20世纪五六十年代苏州织制的以园林为题材的风景像锦织物，以反映领袖人物、南京长江大桥、南湖、向日葵等革命内容为题材、具有"文革"鲜明时代特征的像锦织物，以及在国际舞台上大放异彩、为英国王室所钟爱的真丝塔夫绸等诸多样本档案，既集中展示了当时中国丝绸行业发展的状况和取得的成果，又能真实反映中国社会的时代特征。因而，其历史性也是十分明显的。

4. 价值性

档案之所以重要就在于它具有相当的价值，档案的基本价值在于其凭证作用和参考作用，重要档案还能用于科学的历史研究。苏州丝绸实物样本同样具有相当的价值，苏州市档案局副局长卜鉴民说，苏州丝绸档案无论是从档案本身出发，还是后续参与一系列珍遗文献评选，它自身所具有的政治、经济、历史、文化、应用等价值，一直都有增无减。这些档案可以发挥更大的作用，可以产生更大的社会价值。为此，他们聘请了国内外专家学者对丝绸样本进行专题学术研究，制定出一系列丝绸样本综合保护研发方案，诸如建立中国丝绸品种传承与保护基地和丝绸档案文化研究中心、江苏省丝绸文化档案研究中心，与苏州丝绸企业合作推广苏州丝绸文化等等。文字类的报告似乎并不能直观地表现丝绸档案发挥的作用，而近两年频频跃上国际舞台的"丝绸服装"则耀眼得多。2014年，出席 APEC 会议欢迎晚宴的各国领导人及其配偶身穿的"新中装"就是最好的例子，这些"新中装"采用的宋锦面料，正源自苏州市工商档案管理中心的宋锦样本档案。中心与吴江一家丝绸企业合作，以馆藏的宋锦样本档案为蓝本，研发出 10 余种宋锦新花型和新图案，让古老的宋锦技艺走出了档案库房。这正是产品档案或科技档案所能发挥重要价值的典型反映。

5. 过程性

档案不仅记录和反映人类社会实践活动的成果，而且也记录和反映人类社会实践活动发生的背景、条件、目标和过程，所以，档案作为一种社会记忆具有明显的过程性，它能够让后人清楚地了解历史事件发生的来龙去脉。由于苏州丝绸实物样本反映的是近百年间苏州市区及国内重点丝绸产地丝绸产品演变的历程，因而它也具有显著的过程性。世界记忆亚太地区名录分委会主席儒扎亚在入选理由中称，苏州丝绸档案中提供的样本和工艺，可以非常全面地了解中国的丝绸生产过程和丝绸生产历史进程。

综上所述，"苏州丝绸档案"中提供的苏州丝绸实物样本具有相当全面、完整的档案元素，它的突出特色是纸质记录和样本实物整体保存、互相印证，合力传达了丝绸科技的生动细节和历史沿革，具有相当全面、完整的档案元素。作为一种"丝绸记忆"，我们认为，它们是丝绸样本，也是档案。"苏州丝绸档案"成功进入世界记忆亚太地区名录，可以作为对苏州丝绸实物样本也是档案的国际认可。

三、"苏州丝绸档案"入遗的启示

世界记忆亚太地区名录是在亚洲及太平洋地区具有影响意义的文献遗产，需要由世界记忆项目亚太地区委员会（MOWCAP）通过严格甄选而批准列入。这项名录，甄选的标准一如世界记忆名录，要求严格的文献时间、地点、人物、主题和领域、形式和风格，对完整性、真实性、唯一性和重要性等同样有着极高的要求。2016年之前中国列入世界记忆亚太地区名录的项目仅有6项，即《本草纲目》《黄帝内经》、"天主教澳门教区档案文献（16至19世纪）"、"侨批档案—海外华侨银信"、"元代西藏官方档案"和"赤道南北两总星图"。在申报世界记忆亚太地区名录时，"苏州丝绸档案"一次性通过了初期审核。这次成功进入世界记忆亚太地区名录，充分说明"苏州丝绸档案"作为一种档案文献遗产，其重要价值和在亚太地区的影响得到了国际认可。由此，我们得到以下几点启示。

1. 传统档案所能承载和释放的信息量是有限的

档案是人类社会实践活动真实的历史记录，档案不仅记录和反

映人类社会实践活动的成果，而且也记录和反映人类社会实践活动
发生的背景、条件、目标和过程，所以，档案作为一种社会记忆具
有明显的过程性，它能够让后人清楚地了解历史事件发生的来龙去
脉，也就是说，档案能够记录和释放的历史信息量是十分丰富而巨
大的。但需要指出的是，传统意义上的档案所能承载和释放的信息
量仍是有限的，并不是"全息"的，它不可能记录和反映历史事件
活动的全部信息，无论是文字的还是图像的，纸质的还是电子的，
都是如此。而有时我们对信息的需求却是十分详尽而无限的，这
种情况下，传统意义上的档案就无法完全满足我们的信息需求，此
时我们可借助实物标本来补充说明，如中草药材标本、纺织产品标
本、古生物标本、地质岩层标本等都是在科技档案部门客观存在的
实物标本，它们都是作为相关科技档案的补充部分而存在的。所谓
"百闻不如一见"就是这一情形的生动写照。

2. 为"实物档案"正名

实物标本可以作为传统意义上档案的补充部分而存在，这在档
案界是没有异议的，但实物标本是否因此而能成为档案，这在档案
界长期以来一直是有争议的。有学者坚持认为，其一，档案本身为
实物，任何信息要稳固地存在，必须要记录和固化在有形的实物载
体上，档案信息也不例外；其二，档案是一种信息记录物，而不是
实物标本本身。但从"苏州丝绸档案"成功入选世界记忆亚太地区
名录来看，这些苏州丝绸档案包含工艺设计书、订货单、意匠图等
纸质记录和配套的实物样本，是内容全面、图文并茂、形式多样的
档案，得到了国际认可。因而，"实物标本档案"是存在的，它与
档案实物在本质上是一致的、相通的。苏州丝绸样本档案元素的挖
掘充分说明"实物标本"作为档案是有其理论基础的。

当然，实物标本档案的存在是否意味着所有的实物标本都可作为档案看待，我们认为这是值得商榷的。当传统意义上的档案完全能够满足我们对历史事件活动的信息需求时，实物标本本身也就没有存在的价值了，因而也就不是档案。

3. 对传统档案概念的反思

我们的传统档案学理论对档案概念的要求是十分苛刻的，不仅要求档案必须是在人类社会实践活动的事中形成，而且要求档案必须是信息记录物，而国际档案界"口述档案"概念的提出，及对口述档案采集的重视，反映出我们传统意义上的档案概念必须事中形成可能有要求过严之嫌，现在"实物标本档案"的国际认可则再次要求我们对传统意义上的档案概念进行反思，从而为认可和纳入"实物标本档案"奠定思想基础。

4. 重视实物标本档案的收集

"苏州丝绸档案"的成功入遗，充分说明重视实物标本档案收集的价值与意义，当我们需要实物标本存在时，我们不仅需要在归档范围的确定上考虑实物标本的内容，而且需要在文件材料的积累、文件归档、档案进馆等工作的开展上同时考虑实物标本的积累、归档与进馆，十分关键的是需要提升相关人员重视实物标本档案的意识。

作者简介

吴品才，男，管理学博士，苏州大学教授、硕士生导师，社会学院档案系主任。长期从事科技文件与科技档案管理理论、文件运动理论与文件管理技术等的教学与研究。

世界记忆工程背景下的
中国地方档案事业发展

赵彦昌

步入 21 世纪以来，期刊、网站、微信等媒体上的"世界记忆遗产""世界记忆工程""珍贵档案""档案珍品""珍档"等词汇充斥着我们的视野，举办档案珍品展览、遴选中国档案文献遗产名录与世界记忆名录、出版珍品档案汇编等亦随之而来，这些都源自于联合国教科文组织的世界记忆名录为我们地方档案事业的发展创造了机遇，回过头来，地方档案事业的发展又进一步推动了世界记忆名录的丰富。

一、世界记忆工程的实施

1992 年，在联合国教科文组织（UNESCO）和国际档案理事会（ICA）的共同努力下，一个国际性的项目——世界记忆工程开始实施。从概念上讲，世界记忆工程是世界遗产项目的延续，也就是我们常说的世界记忆遗产，旨在对世界范围内正在逐渐老化、损毁、消失的文献记录，通过国际合作与使用最佳技术手段进行抢救，从而使人类的记忆更加完整。这一项目主要是以世界记忆登记入册的形式，将具有世界意义的文献资源遗产整理为清单式样，使之能引起人们的注意，同时也有助于人们向政府或赞助者申请经费和资助。

世界记忆工程的重点在于以数字技术为日渐变质的文献收藏提供先进的保存方式和手段，这一项目的开展推动了世界各国记忆遗产即文献遗产的保护工作。世界记忆遗产反映了语言、民族和文化的多样性，它是世界的一面镜子，同时也是世界的记忆。但是，这种记忆是脆弱的，每天都有仅存的重要记忆在消失。因此，联合国教科文组织发起了世界记忆计划，来防止集体记忆的丧失，并且呼吁保护宝贵的文化遗产和馆藏文献，并让它们的价值在世界范围内广泛传播。

世界记忆工程的最终成果体现就是我们所熟知的世界记忆名录，世界记忆工程通过建立世界记忆名录、授予标识等方式，宣传保护珍贵文献遗产的重要性；鼓励通过国际合作和使用最佳技术手段等，对珍贵文献遗产开展有效保护和抢救，进而促进人类文献遗产的广泛利用。具体来讲，世界记忆名录是指符合世界意义、经联合国教科文组织世界记忆工程国际咨询委员会确认而纳入的文献遗产项目。世界记忆遗产是世界文化遗产保护项目的延伸，侧重于文献记录，包括博物馆、档案馆、图书馆等文化事业机构保存的任何介质的珍贵文件、手稿、口述历史的记录以及古籍善本等。对档案文献遗产来说，将其列入世界记忆名录会大大提高其地位，也会为当地档案工作的发展带来便利和机遇。此外，世界记忆名录的申报工作也是提高各国政府、非政府组织、基金会和广大人民群众对其遗产重大意义认识的重要工具，并且有助于从政府和捐助者那里获得资助。截至 2015 年，共有来自世界各大洲 100 多个国家的 348

个项目入选世界记忆名录，其中中国共有 10 个项目入选。

世界记忆名录具体又可分为世界、地区和国家三级，申报文献遗产根据其地域影响力，分别列为不同级别的名录。对于中国来讲，则具体区分为世界记忆名录、世界记忆亚太地区名录、中国档案文献遗产名录三个层次。自 1997 年中国申报的"中国传统音乐录音档案"入选世界记忆名录到 2015 年"南京大屠杀档案"入选世界记忆名录，中国共有 10 件珍贵档案入选世界记忆名录，分别是：1997 年入选的"中国传统音乐录音档案"、1999 年入选的"清代内阁秘本档"、2003 年入选的"云南省丽江纳西族东巴古籍"、2005 年入选的"清代科举大金榜"、2007 年入选的"清朝'样式雷'建筑图档"、2011 年入选的《黄帝内经》和《本草纲目》、2013 年入选的"侨批档案"、2013 年入选的"元代西藏官方档案"和 2015 年入选的"南京大屠杀档案"。世界记忆工程亚太地区委员会成立于 1998 年，服务于亚太地区的 43 个国家，负责遴选世界记忆亚太地区名录。截至 2016 年，中国共有 10 件珍贵档案入选世界记忆亚太地区名录，分别是：《本草纲目》《黄帝内经》"天主教澳门教区档案文献"、"元代西藏官方档案"、"侨批档案"、"赤道南北两总星图"、"近代苏州丝绸样本档案"、"孔子世家明清文书档案"、"功德林寺院文献"、"清代澳门地方衙门档案"。截至 2015 年，中国已经遴选了 4 批共 142 件档案入选中国档案文献遗产名录。

二、国家档案局的积极应对与大力引导

为推动世界记忆工程的开展，更好地保存珍贵档案文献，宣传中国灿烂的文化，我国于 1995 年成立了世界记忆工程中国国家委

员会。此后，为更好地组织国内申报世界记忆名录，国家档案局于2000年正式启动了中国档案文献遗产工程，成立了以国家档案局原局长、中央档案馆馆长毛福民为组长的领导小组，制定并在全国实施了《中国档案文献遗产工程总计划》。

中国档案文献遗产工程旨在有计划、有步骤地开展抢救、保护中国档案文献遗产的工作，为中国档案文献申报世界记忆名录和世界记忆亚太地区名录提供支持。一般来讲，申报世界记忆名录的珍贵档案要从中国档案文献遗产名录中遴选。截至2015年，国家档案局、中央档案馆共遴选了4批共142件（组）档案文献珍品，并编辑出版了第一至四辑《中国档案文献遗产名录》。

表2 《中国档案文献遗产名录》(全四辑)

序号	出版物名称	编著者	出版社	出版时间
1	《中国档案文献遗产名录》（第一辑）	国家档案局 中央档案馆 编	中国档案出版社	2002
2	《中国档案文献遗产名录》（第二辑）	国家档案局 中央档案馆 编	中国档案出版社	2010
3	《中国档案文献遗产名录》（第三辑）	国家档案局 中央档案馆 编	中国档案出版社	2011
4	《中国档案文献遗产名录》（第四辑）	国家档案局 中央档案馆 编	荣宝斋出版社	2015

非常可惜的是，这142件文献遗产大部分来自于档案部门，而博物馆、档案馆还有大量的珍档未能申报入选，且一直未现民间收藏珍档的入选。我们建议国家档案局可以在适当的时机对保存在非档案馆的珍贵档案（包括藏于民间私人手中的珍档）进行全面的摸底调查，吸引更多的珍贵档案申报中国档案文献遗产名录乃至世界

记忆名录。

此外，为使我国更多的珍贵档案能够入选世界记忆名录，国家档案局十几年中在国内多次主办或推动召开有关世界记忆的国际研讨会。比如 2010 年 11 月 25—28 日在澳门召开"世界文献遗产与记忆工程"国际研讨会；2013 年 4 月 19 日在北京召开"中国侨批·世界记忆工程"国际研讨会（会后出版《海邦剩馥：侨批档案研究》一书，2016 年在暨南大学出版社出版）；2014 年 5 月 17 日在上海召开"人类记忆与文明变迁——沪、港、澳'世界记忆工程'学术研讨会"；2015 年 3 月 24—26 日在苏州召开"联合国教科文组织世界记忆工程亚太地区工作坊"；2016 年 6 月 14 日在西安召开"联合国教科文组织世界记忆项目亚太地区档案保护研讨会"。2016 年 11 月 23 日将在苏州召开"世界记忆项目与地方档案事业发展"主题研讨会；12 月 10—11 日即将在济南（山东大学）召开"'中国记忆遗产'暨中国档案文献遗产研究高端论坛"。这些会议的召开必将促进中国珍贵档案文献遗产的抢救、保存、研究与开发，也必将有力地促进、推动地方档案事业的发展。

三、对地方档案事业发展的强力推动

（一）积极申报中国档案文献遗产名录

自国家档案局、中央档案馆遴选中国档案文献遗产名录以来，我国地方档案馆积极申报，在入选的中国档案文献遗产名录之中，除了少数几件为中国第一历史档案馆、中国第二历史档案馆、中国国家图书馆等国家级单位申报之外，绝大多数均为地方档案部门所申报，这充分体现了我国地方档案部门珍藏的丰富与厚重。为申报世界记忆名录，我们基本上分成三步走，遴选国家、步入亚太、冲击世界。这对于我国各省市档案部门摸清家底、重点保护"镇馆之宝"提供了良好的机遇。

（二）推动各省市珍贵档案文献遗产的遴选

在国家档案局、中央档案馆组织的中国档案文献遗产工程推动下，我国地方很多省市都出台了当地珍贵档案文献的评选办法，如《江苏省珍贵档案文献评选办法》（2005 年修订）、《上海市档案文献遗产申报办法》（2011 年 7 月）、《江西省珍贵档案文献评选办法》（2014 年 2 月）、《浙江档案文献遗产工程实施办法》（2002年）、《山东省珍贵档案文献遗产评选办法》（2015 年 1 月）、《广东省档案文献遗产管理暂行办法》（2012 年 4 月）、《云南省珍贵档案文献评选办法（暂行）》（2006 年 5 月）、《青岛市档案文献遗产评选办法（试行）》（2014 年 10 月）。制定遴选办法之后，各地很快就积极开展当地珍贵档案文献遗产的遴选工作。地方遴选最早的应该是浙江，浙江省档案局早在 2002 年就开展了浙江档案文献遗产评选工作；而遴选次数最多的要数江苏，三年遴选一次，到 2012年就已经遴选了四次。特别值得一提的是，虽然在中国档案文献遗产名录中没有私人所藏珍档入选，但在各省市遴选的珍贵档案文献遗产中，私人所藏珍档频频入选，这该引起我们的深思，对私人所藏珍档申报应加以积极鼓励和大力支持。我们期待在不久的将来，中国档案文献遗产名录和世界记忆名录中能有私人所藏珍档的入选，那对我们档案事业来讲将是一个全新的突破。而事实上，在民间收藏之中，很多藏家收藏了数量不菲且时代久远、各具特色的珍档，这些珍档都在等待档案部门的"摸底"和深入开发。而各地的遴选标准则大体仿照中国档案文献遗产名录的遴选标准，并根据当地情况进行调整，体现当地的特色。各省市遴选珍贵档案文献遗产对于我们加强当地珍贵档案文献遗产的保护整理与开发利用，促进档案资源建设和档案文化传播具有重要作用，并为进一步申报中国档案文献遗产名录以及世界记忆名录奠定基础。

（三）促进地方珍贵档案文献汇编的编纂出版

在我国，地方珍贵档案文献的编纂出版由来已久，在国家档案局遴选中国档案文献遗产名录之前，各省市档案馆就有意识地将自己馆藏珍品进行整理编纂，公之于众，只是尚未形成规模。直到在国家档案局大力引导之后，为响应国家档案局的号召，地方珍贵档案文献的编纂出版才成井喷态势，珍品、精品档案汇编层出不穷，且颇具规模。我们对国内公开出版的地方珍贵档案汇编进行了详细统计，自 1995 年至今共有 33 部之多。

表 3　我国公开出版的地方珍贵档案汇编

序号	出版物名称	编著者	出版社	出版时间
1	《西藏历史档案荟萃》	西藏自治区档案馆编	文物出版社	1995
2	《上海档案珍品选》	上海市档案局（馆）编	东方出版中心	1996
3	《中国档案精粹》（辽宁卷）	辽宁省档案馆编	香港零至壹出版有限公司	1998
4	《中国档案精粹》（内蒙古卷）	内蒙古自治区档案馆编	香港零至壹出版有限公司	1999
5	《中国档案精粹》（河北卷）	河北省档案馆编	香港零至壹出版有限公司	1999

序号	出版物名称	编著者	出版社	出版时间
6	《中国档案精粹》（安徽卷）	安徽省档案馆编	香港零至壹出版有限公司	2001
7	《中国档案精粹》（云南卷）	云南省档案馆编	香港零至壹出版有限公司	2002
8	《中国档案精粹》（吉林卷）	吉林省档案馆编	香港零至壹出版有限公司	2004
9	《济宁档案馆藏集珍》	济宁市档案局编	山东美术出版社	2005
10	《中国档案精粹》（黑龙江卷）	黑龙江省档案馆编	香港零至壹出版有限公司	2006
11	《北京大学档案馆馆藏精品》(第一册)	北京大学档案馆编	中国文史出版社	2007
12	《福建省档案馆馆藏珍品集粹》	福建省档案馆编	海潮摄影艺术出版社	2008
13	《北京档案珍藏展图录》	北京市档案局（馆）编	中国档案出版社	2008
14	《苏州市珍贵档案文献名录》	肖芃主编 苏州市档案馆编	古吴轩出版社	2008
15	《历史珍档——湖北省档案馆特藏档案集粹》	吴绪成主编	湖北教育出版社	2009
16	《甘肃馆藏档案精粹》	拓志平主编	甘肃人民美术出版社	2009
17	《贵州省档案馆馆藏珍品集粹》	贵州省档案馆编	贵州人民出版社	2010
18	《奉化档案精粹》	林静俊主编	中国文化出版社	2010
19	《清华大学档案精品集》	顾良飞编	清华大学出版社	2011
20	《江苏珍贵档案图鉴》	江苏省档案局（馆）编	凤凰出版社	2011

续表

序号	出版物名称	编著者	出版社	出版时间
21	《中国档案精粹》（浙江卷）	浙江省档案馆编	香港零至壹出版有限公司	2012
22	《陕西档案精粹》	陕西省档案局（馆）编	三秦出版社	2012
23	《馆藏撷珍——昌吉州珍贵档案珍品展影》	昌吉州档案局编	新疆生产建设兵团出版社	2012
24	《西安馆藏珍档》	西安市档案馆编	三秦出版社	2012
25	《余杭档案荟萃》	杭州市余杭区档案馆编	浙江古籍出版社	2013
26	《江苏省明清以来档案精品选》（全14卷）	江苏档案精品选编纂委员会	江苏人民出版社	2013
27	《上海珍档》	上海市档案馆编	中西书局	2013
28	《天津市档案馆馆藏珍品档案图录》	天津市档案馆编	天津古籍出版社	2013
29	《太仓档案精品选》	太仓市档案局（馆）编	广陵书社	2013
30	《长沙珍档解析》	长沙市档案馆	湖南人民出版社	2014
31	《张掖馆藏档案精粹》	梁永芳主编	甘肃人民美术出版社	2015
32	《山东档案精品集》（全18卷）	杜文彬总主编	山东人民出版社	2015
33	《浙江省各级综合档案馆馆藏档案精品介绍》（第一辑）	浙江省档案局编	浙江大学出版社	2015

其中两者颇值一提，其一是在香港零至壹出版有限公司出版的《中国档案精粹》（安徽、云南、吉林、辽宁、黑龙江、内蒙古、河北、浙江）精装本，中英文对照，图文并茂，可读性极强，极为吸

引公众眼球,可惜非在内地出版,书店难得一见,且价格不菲,实为遗憾。其二是江苏、山东两省档案局(馆)组织编纂的档案精品丛书,即14卷本的《江苏省明清以来档案精品选》和18卷本的《山东档案精品集》。就《江苏省明清以来档案精品选》而言,主要具有三个方面的价值:第一,这部大型的江苏省明清以来珍贵档案文献集成,从一个侧面真实反映了江苏乃至中国历史的进程,而江苏从明清到1949年的那段历史,在中国近代史上具有举足轻重的地位。读者从中能看到很多历史细节的真相,那是其他历史书上没有的。第二,由于这些档案承载着丰富的历史内涵,可形成集出版、展览、交流于一体的多元文化体系,为今后影视、旅游产业开发提供最有价值的原生态资源。第三,所出版的内容,皆为首次披露的原始档案,且拥有专有出版权,故业内同行无法跟风,在数字化出版和数据库建设中具有不可替代的优势。再比如《山东档案精品集》作为山东档案事业"大宣传"格局的重要组成,是山东档案资源建设丰硕成果的集中展示,彰显了山东档案精品的价值、影响和山东历史文化的深厚底蕴。在出版发行上,《山东档案精品集》还采取了较为灵活的方式,18卷本的《山东档案精品集》合售,定价1980元。除此之外,还单独发行,比如其中的《山东档案精品集·济宁卷》以同样内容更名为《济宁档案精品集》单独发行,定价168元。在公开出版的33部珍品档案汇编之中,《太仓档案精品选》是唯一一部县级档案精品选,我们期待着更多的县级档案精品、珍品档案汇编的问世。

(四)提高各地区档案工作的宣传与展览力度

地方珍品入选中国档案文献遗产名录、世界记忆亚太地区名录、世界记忆名录之后，为当地档案工作的发展带来了良好契机。对于入选档案的宣传，在全国以及当地省市的报刊、网站乃至微媒体之中进行全方位传播，对当地档案工作的宣传、展览以及利用都起到了积极的推动作用。

我们以苏州市工商档案管理中心的近现代中国苏州丝绸档案为例。近现代中国苏州丝绸档案是 19 世纪到 20 世纪末苏州众多丝绸企业、组织，在技术研发、生产管理、营销贸易、对外交流过程中直接形成的，由纸质文字、图案、图表和丝绸样本实物等不同形式组成的、具有保存价值的原始记录，共 29592 卷。其中，既有苏州所特有的传统丝织工艺代表性产品，如宋锦、漳缎、吴罗的相关生产资料，又有近现代丝绸业顶尖工艺的代表性产品，如塔夫绸的技术和贸易资料。2015 年入选第四批中国档案文献遗产名录。2016 年 5 月，入选世界记忆亚太地区名录。近现代中国苏州丝绸档案在入选之后，国内各大报纸、期刊、网站等都进行了全方面的图文并茂的宣传，对于社会公众认识档案、了解近现代中国苏州丝绸档案提供了很多素材和途径，对于我们进一步宣传档案工作、发展苏州档案事业创造了诸多契机，更为"近现代中国苏州丝绸档案"2017 年申报世界记忆名录做了准备。

此外，特别值得一提的是，2004 年 10 月，中国国家档案局在北京举办了以中国档案文献遗产为主要内容的"走进记忆之门——中国档案珍品展"，并正在按计划在全国巡展，受到各地公众的热烈欢迎。以此为契机，各地档案馆也将当地珍贵档案进行整理，对应"中国档案珍品展"，制作出当地的档案珍品展，比如"北京档案珍藏展""辽宁档案珍品展""苏州丝绸工艺珍品展"等，其中尤以中国第一历史档案馆所做系列展览最具代表性。为吸引公众参观，各地档案馆还设计了很多精美的宣传册子，制作精良、图文并茂，免费发放给来参观的公众，比如《中国的世界记忆遗产》《苏州市民族工业档案史料展》《百年丝路：近现代中国苏州丝绸档案》等。

总之，围绕世界记忆工程，中国地方档案部门积极参与，为遴选省市的珍贵档案、中国档案文献遗产名录、世界记忆亚太地区名录，一直到最终的世界记忆名录都倾注了太多的心血，世界记忆名录等也为地方档案事业的发展提供了机遇和活力。我们期望让世界通过档案、通过世界记忆名录了解中国、认识中国，让公众通过档案、通过"世界记忆工程"熟悉档案、走进档案馆、关注档案事业，我们期待着以后双方能够有更多的交融，为中国地方档案事业的发展和世界记忆名录的丰富而共同努力。

参考文献

本刊通讯员：《世界记忆工程及其在中国的进展》，《国家图书馆学刊》2004 年第 2 期。

黄晓宏：《"世界记忆工程"——文献遗产保护之舟》，《中国文物报》2013 年 4 月 17 日。

王红敏：《世界记忆工程概述》，《中国档案》2003 年第 10 期。

王文峰、蔺清芳：《抢救和保护珍贵档案的"世界记忆"工程》，《档案管理》1997 年第 1 期。

杨太阳：《世界记忆工程 20 年回顾与展望》，《中国档案报》2012 年 4 月 3 日。

赵海林：《"世界记忆工程"与"中国档案文献遗产工程"》，《档案》2001 年第 6 期。

赵彦昌主编：《中国档案研究》（第二辑），辽宁大学出版社 2016 年版。

周耀林、王倩倩：《亚太地区世界记忆工程的现状与推进》，《档案与建设》2012年第1期。

周耀林等：《"世界记忆工程"的发展现状及其推进策略》，《信息资源管理学报》2014年第2期。

周耀林、宁优：《"世界记忆工程"背景下"中国档案文献遗产工程"的推进 》，《信息资源管理学报》2014年第3期。

作者简介

赵彦昌，男，辽宁大学历史学院教授、中青年骨干教师，辽宁大学中国档案文化研究中心主任。中国档案学会档案学基础理论学术委员会委员、辽宁省档案学会常务理事、沈阳市档案学会理事、沈阳市档案学会档案资源开发利用学术委员会副主任。

◎**专家互动**

乔纳斯·帕姆：我有一个问题要问赵教授，南京大屠杀的档案现在保存的如何？

赵彦昌：现在南京大屠杀的档案主要保存在中国第二历史档案馆，数量非常多，不但在中国有，其他国家也有，因为日本侵略军在南京进行大屠杀的时候，很多外国传教士、记者也真实地记录了这一悲惨的过程，这部分档案数量也相当大。近30年来，与南京大学合作，不但出版了很多这方面的汇编，而且出版了很多丛书。围绕这些汇编、丛书，又出版了很多研究著作，已经形成了一个合力。

丝绸档案中的历史文化

周济　肖芃

最近几年，我近距离观察了、甚至说直接参与了"近现代中国苏州丝绸档案"从整理成型到开发利用，形象地说，它们就像我看着长大的孩子，所以很高兴能在这个无比重要、荣耀的场合，当众夸奖它们的优点。我希望它们茁壮成长，有一个好的未来，也盼望大家能喜欢。

苏州是蚕桑丝绸的重要发源地，自古丝织业发达，是中国丝织中心之一，被誉为"丝绸之府"。太湖流域就曾考古发掘出约 5000 年前的古绢残片，数千年来，苏州丝绸从滥觞趋于鼎盛，浓缩并传承了中华民族的杰出智慧和创新精神，成为中国文化的精华。

2012 年，苏州市政府出台丝绸产业振兴规划，积极推进传统丝绸产业的新兴发展，2013 年，中国提出共建"一带一路"的倡议，基于这样的背景，苏州档案部门从馆藏近 200 万卷民族工商业档案中，整理出 29592 卷近现代丝绸档案。它们是 19 世纪到 20 世纪末，苏州丝绸企业、单位在技术研发、生产管理、营销贸易、对外交流过程中直接形成的、由纸质文图和样本实物组成的、具有保存价值的原始记录，突出特色是纸质记录和样本实物整体保存、互相印证。大量的设计意匠图、生产工艺单、产品订购单及多个历史时期对外贸易的出口产品样本等，忠实记录着传统工艺和商贸轨迹。

1981年，戴安娜王妃在伦敦举行婚礼，这场"世纪婚礼"受到英国皇室极大重视，受邀观礼的外国嘉宾就超过2500人。戴安娜礼服的塔夫绸面料就产自苏州。当年英国皇家慕名向苏州购买14匹420码塔夫绸的订货单，在档案中得到了完好保存。数量众多、联通各国的订货单档案，记录了苏州丝绸翻山过海、远销全球的历史瞬间，清楚表明丝绸一直是东方文明的重要象征和传播媒介。

档案中还存有清代（1644—1912）苏州织造署使用过的纸质花本。为了满足北京宫廷的需求，自700年前成吉思汗的子孙建立的元代开始，朝廷就在苏州设立了专门的织造机构，由北京宫廷直接派官员负责。中国四大名著之一《红楼梦》的作者曹雪芹，青少年时就常住在苏州织造署。档案中这批织造署使用过的花本，被专家称为1949年之后苏州所有丝绸厂的"花本之祖"。

与丝绸样本相配套的工艺单，从技术层面保存了产品的原料构成、工艺参数、纹样色彩等。这些宝贵的、不可再生的技术资料，对开发同类产品具有极大的参考价值和经济应用价值，它们既证明了一代又一代丝绸从业者承前启后、精益求精的工匠精神，更为今天工艺传承、跨界创新提供了充沛的策划和设计灵感。

2016年5月19日，近现代中国苏州丝绸档案因为它承接丝绸之路文明、见证东西方商贸和文化交流的杰出价值，成功入选世界记忆亚太地区名录，为人类丝绸文明增光添彩，也是档案系统助推"一带一路"合作发展的重要成果。

值得一提的是，早在2012年11月9日，杨永元会长就曾亲临苏州视察过这批档案，评价其"具有珍贵的价值和重大的历史意义"，要求我们妥善保管、挖掘价值。

为了给丝绸档案找一个更加安全、更高规格的保存和开发平台，全国首个丝绸专业档案馆——苏州中国丝绸档案馆从2013年起筹建，并分别于2013年7月经国家档案局批准、2015年12月经国务院办公厅批准落户苏州，目前已选定馆址，它的馆藏基础就是29592卷近现代中国苏州丝绸档案。

在管理好既有档案的同时，自2013年丝绸档案馆筹建以来，工作人员奔赴全国重点丝绸产地，追寻行业前辈的足迹，征集、征购、获赠档案2万多件，不断延伸馆藏触角、填补馆藏空白，多位国家级、省级文化遗产传承人的档案入藏。

档案的开发也取得了令人瞩目的成果。已举办丝绸档案展览20多次，与企业共建14家"苏州传统丝绸样本档案传承与恢复基地"，依据档案中的样本和技术资料，恢复濒临失传或已经失传的丝绸工艺，其中由合作企业研发生产的新丝绸相继作为2014年APEC晚宴各国领导人"新中装"、2015年世乒赛礼服的面料，沉寂一时的丝绸档案走出深闺、焕发生机。目前正在配合国家档案局筹办的"一带一路"档案展，计划中的开篇就是"吴丝传天下""锦绣平江梦"，这里"吴""平江"说的就是苏州，并且还将通过海外巡展，讲述商贸和文化中西交融的故事。

瑞典汉学家高本汉在《汉字形声论》中说，公元前600年的中国，就有近两百个合成字带有"糸"。可见丝绸和这个民族千丝万缕、互相滋养的密切关系。因其特殊的质地、竭尽巧思的工艺，丝绸自古以来就广受世人青睐，积累了丰富的文化内涵。5000年前幸存至今的一片残绢，证明了新石器时代部落里的蚕桑生活，今天我们珍藏这些丝绸档案文献，传扬其中的丰厚文化，在后人眼里、在历史长河中，也是一个古老民族文明的薪火传承。

面对近现代苏州丝绸档案，我们想说的太多，要做的太多，希望通过档案部门和社会各界的努力，使这批承载中国丝绸工艺集体智慧、代表中国丝绸发展记忆的档案文献，在今天得到妥善保护，并在联合国教科文组织和国际国内专家学者的关心指导下，在科研机构、生产企业、热心人士的共同参与下，让它们的价值在世界范围内广泛传播。

作者简介

周济，男，苏州市档案局现行文件查阅中心副主任，馆员。

肖芃，女，苏州市档案局原局长，副研究馆员。

近现代中国苏州丝绸档案价值研究

杨韫　陈鑫　卜鉴民

近现代中国苏州丝绸档案是 19 世纪到 20 世纪末期，苏州众多丝绸企业、组织在技术研发、生产管理、营销贸易、对外交流过程中直接形成的，由纸质文字、图案、图表和丝绸样本实物等不同形式组成的，具有保存价值的原始记录。该档案由苏州市工商档案管理中心（简称中心）保管，共计 29592 卷，主要包括生产管理档案、技术科研档案、营销贸易档案和产品实物档案等。

这批丝绸档案涵盖了绫、罗、绸、缎、绉、纺、绢、葛、纱、绡、绒、锦、呢、绨等 14 大类织花和印花样本，主要来自于以苏州东吴丝织厂、光明丝织厂、丝绸印花厂、绸缎炼染厂、丝绸研究所等为代表的原市区丝绸系统的 41 个企事业单位，全面真实地记录了 100 多年来丝绸花色品种的发展、演变。通过这批丝绸档案，我们不仅可以看到丝织品本身的魅力，更能了解到近百年间苏州市区及国内重点丝绸产地丝绸产品演变的历程。其中极具艺术和科研价值的漳缎祖本、在国际舞台上大展风采的塔夫绸和四经绞罗等丝绸档案，均体现了当时中国乃至世界丝绸产品的最高工艺水平，也从一个侧面折射出近现代中国各阶段的丝绸文化与社会政治经济、人民生活之间的密切关系以及审美观、价值观对丝绸的影响。其所蕴含的体现在不同时期经济、文化、美学、历史、应用等方面的价值难以估量，现已成为中心的"镇馆之宝"。

一、经济价值——以丝为笔墨，勾勒繁荣景象

随着历史的变迁、朝代的更迭，丝绸经历了数次起伏，既有"日出万绸，衣被天下"的兴旺繁荣，亦有在改革浪潮下的急流勇退。早在魏晋南北朝时，东西方往来频繁，大秦（东罗马帝国）商人、波斯商人运往西方的商品主要就是丝绸，东方的丝绸成为当时人们趋之若鹜的华美服装面料。秦汉时期，随着大规模扩展而来的，就是丝绸的贸易输出达到了空前繁荣。这也推动了中原同边疆的经济文化交流，从而形成了著名的"丝绸之路"。而自明代起，直到19世纪末叶，丝绸产品一直是中国输往东南亚和葡萄牙、西班牙、荷兰、英国等欧洲国家的最大宗物品，并在国际生丝贸易市场上占据霸主地位。

作为苏州最古老也是最传统的产业，丝绸与苏州密不可分。新中国成立以后，国家大力发展丝绸产业，逐渐形成了一个较为完整的丝绸工业体系，不断创造外汇支援建设。此后，丝绸产业成为民营经济创业发展的重要领域，为推进中国特色社会主义建设提供了巨大动力。

在中心的库房内，收藏着部分外销丝绸的样本及订货单等一系列完整的档案。这些新中国成立后出口国外的丝绸档案，展示了20世纪中期至20世纪末中国专为外销设计、生产并输出到世界各地的丝织品，从中可以看出当时丝绸的生产、销售不断创下历史新高。单以被人们所熟知的塔夫绸而言，它在1950年第一次于东欧

七国展出时，就轰动了东欧市场。此后，苏州生产的塔夫绸被称为"塔王"，畅销美国、英国、苏联、西德、瑞士、澳大利亚以及亚洲许多国家和地区，深受各国客商的欢迎，在国内外都享有盛誉。据馆藏资料记载，仅苏州东吴丝织厂一厂，在 1981 年 1 月至 7 月就生产了 117000 千米的塔夫绸，并被客户争购一空。当时报道中提到："为了扩大生产，满足国内外市场的需要，苏州东吴丝织厂今年将增加 20 台织机，年产量预计可以达到 60 多万米。"其所带来的经济效益由此可见一斑。

二、国际价值——以丝为使者，行走于中西方

经济是国际关系的一种反映。丝绸并非只是一块小小的布料，透过丝绸我们不仅可以看到中西方之间经济、文化的碰撞与交流，更能体会到其中的跨国互动。

塔夫绸的畅销使其终被英国王室所耳闻。1981 年 7 月，英国王储查尔斯王子和戴安娜王妃在伦敦圣保罗教堂举行了历史上著名的"世纪婚礼"。而早前中国纺织品进出口公司江苏省分公司就寄给苏州市外贸公司一张订货单，要求订购水榭牌深青莲色素塔夫绸 14 匹，共计 420 码，这批塔夫绸正是供英王储查尔斯举行婚礼所用。塔夫绸站在了世界的舞台，为中国苏州赢得了巨大的荣誉。而值得一提的是，水榭牌素塔夫绸商标也被意大利米兰科莫丝绸博物馆收藏至今。

回顾历史，再看今朝。丝绸向来就是国礼佳品，漂洋过海，扬名世界，延续至今。据不完全统计，仅新中国成立以来，苏州丝绸织绣品就有 30 多次作为"国礼"走出国门。自苏州推进"丝绸档

案 +"档案资源开发利用新模式后，中心积极响应，与各地丝绸企业共建了 14 家"苏州传统丝绸样本档案传承与恢复基地"，将馆藏样本、祖本加以研究，跨界融合，使档案走出深闺，在国际上再次焕发生机。2014 年，在第 22 次领导人非正式会议（APEC 会议）晚宴上，各经济体领导人和代表穿着特色中式服装拍摄"全家福"。这些华而不炫的宋锦、贵而不显的漳缎以及不同特质的系列丝绸面料，展现出了各国领导人的独特风采。其中，宋锦面料上的海水江崖纹，就赋予了与会 21 个经济体山水相依、守望相助的寓意，正应和了"共建面向未来的亚太伙伴关系"这一主题。而在 2015 年 11 月中国—中东欧"16+1"峰会上，一系列制作精美、惟妙惟肖的领导人肖像真丝画作为国礼被赠予多国领导人。真丝肖像画已先后 4 次作为国礼被赠送给多国国家领导人，既表达了苏州人民对于外国友邦的热情，也是丝绸人响应"丝绸之路经济带"这一号召的积极行动。

而丝绸的国际价值，不仅彰显于我们同各国间的友好互动、共昌繁荣，更体现在我们所得到的一种社会荣耀上。在此次 2016 年世界记忆亚太地区名录评选会议上，近现代中国苏州丝绸档案中所囊括的样本、工艺技术、图纸纹样等再次展现在世人面前，在当前中国倡导"一带一路"建设上提供了助力，也让更多人了解了中国的丝绸。正如评审会专家、塔吉克斯坦代表、国际咨询委员会委员阿拉女士说："这是很有意思的一组档案，收集了各种丝绸品种，这是拥有国际性价值的遗产。"

三、文化价值——以丝为纽带，连接古今文明

丝绸是传播丝绸文化的一种语言，它不是随心所欲的艺术创

造，而是将设计艺术的美贯穿于织物织造的始终。博大精深而独树一帜的丝绸文化是中国古老文明的一个重要分支，是华夏人文历史上一段动人的乐章。丝绸文化不仅反映出中国的悠久历史，也记录着各地鲜明的地域特征，有着如诗画般灿烂、隽永的价值。时代精神的火花在这里凝练、积淀下来，使我们流连不已。而近现代中国苏州丝绸档案作为丝绸文化的载体，以其深厚的传统文化底蕴、精湛的工艺水平，诠释了中国历朝历代不同的精神风貌及主要内涵，更翔实地记录了人们在传承和发扬丝绸文化道路上的奋斗足迹，是我国民族文化的象征。它是苏州的骄傲，江苏的骄傲，更是整个中华民族宝贵的文化遗产。

近现代中国苏州丝绸档案是早期传承下来的历史的、传统的财富，其种类繁多、地域特征明显，多为在长期生产生活中为了方便或审美需求而制造出来的，不仅造型、结构、色彩具有形式美，而且纹样内涵丰富，如喜庆、富贵、吉祥、平安等寓意，就通过特定的图案表达出来，传达出了一种大家都能读懂的语言。这些档案上所凝聚的精美的纹样，充分展现了丝绸的文化价值。通过各具特色的丝绸纹样，可以看到不同时期对于中华民族传统文化的传承与对外来文化兼容并蓄后的创新。就最为典型的吉祥纹样而言，用蝙蝠表现"福"、桃子表示"寿"、牡丹寓意"富贵"的纹样在近现代中国苏州丝绸档案中就占有很大一部分，它们所体现出的含蓄的纳吉祈福的传统文化思想耐人寻味、引人深思。可以看出，无论古今，人们对于美好生活的追求都是一样的，这也使得人们在吉祥纹样所象征的华夏文明上息息相通。另外，在外销丝绸产品中，其品种、花样等往往是根据不同出口国家的需要而特殊设计制作的，融入了大量的国际元素，如深受儿童喜爱的米奇、小矮人、超人等卡通漫画图案以及日本的和服纹样等，也在一定程度上反映了国际社会文化百余年的发展变迁。

此外，基于近现代中国苏州丝绸档案本身所衍生而出的文化价值也值得一提。围绕馆藏丝绸档案，中心编辑出版了《丝绸艺术赏析》《花间晚照：丝绸图案设计的实践与思考》等相关书籍，在加深我们对丝绸档案理解的同时，也使得中国丝绸文化得以更好传承。同时，中心与全国中文核心期刊合作开设了"档案中的丝绸文化"和"苏州丝绸样本档案"两个年度专栏，并在专业期刊发表丝绸档案研究论文30余篇，以图文并茂的方式让中国苏州丰富的丝绸档案资源和灿烂的丝绸文化展现在世人眼前，通过各类丝绸档案引发读者对中国传统丝绸文化的浓厚兴趣，以期让更多人加入到丝绸文化和档案文化的传承中来。

四、美学价值——以丝为窗口，传递情感艺术

美的创造、传达和欣赏，与物体材质密不可分，由天然纤维织就的丝绸，其美学价值可以说是公认的。丝绸在织制、纹样和工艺技术上显示出的丰富内容，是其他织物所无法比拟的。正合了《考工记》中所说："天有时，地有气，材有美，工有巧。合此四者，然后可以为良。"

倘若要深入探讨，那么我们以为，丝绸之美，一在纹样、二在肌理。

纹样作为丝绸面料的装饰花纹，是最直观、易辨认的元素。以古香缎为例，它是锦缎的一种，而"锦"就是以彩色丝线织成各种花纹的精美丝织物。自古香缎派生以来，一直扮演着美化和装扮人

们生活的角色。通常来说，古香缎分为风景古香缎和花卉古香缎。其中，风景古香缎在图案设计上，不论是题材内容、排列方法、色彩组合或是绘制技巧，和其他丝绸品种相比较，都有着较大难度。我们说它是有思想的图案，无论从内容到形式都充斥着其独有的审美情趣和美学情感。因为每设计一张花样等于创作一幅画作，既要掌握适度原则，又要突出风景古香缎的特色，使纹样与肌理配合得体、色彩协调精致。不难想象，设计者要如何煞费苦心才能达到理想效果。

肌理是指物体表面的组织纹理结构，即各种纵横交错、高低不平、粗糙平滑的纹理变化。在丝绸设计中，肌理虽为纹样所服务，但又不仅仅只是被动的、机械的依附于纹样，肌理本身更具有美的能动性。起源于战国时期的四经绞罗，是吴罗中制造难度极高的一种，它以四根经丝为一绞组，与左右邻组相绞，四根经丝间互相循环，最终显露出链状绞孔，使丝绸表面呈现出若隐若现的浮雕效果，增加了丝绸的韵律感和美感。再有手绘真丝方巾，将流行风格与传统文化融为一体，有别于刺绣、织锦图案，是在纺织品上直接绘染出各种装饰花纹。采用手工绘画的丝绸具有较浓的手工韵味，呈现了独特、丰富的色彩效果，题材广泛、肌理自然。由此可见，肌理存在的形式是多样化的，由其产生的审美趣味也是多样化的。无论是刺绣图案的凹凸有致，还是漳缎织物的缎地起绒，这些肌理都使丝绸散发出了独特的艺术魅力，给人以强烈的视觉冲击与心理共鸣，提升了丝绸的美学品味，从情感上满足了人们对丝绸的追求。

五、历史价值——以丝为印记，追忆峥嵘岁月

历史是当下的追忆。如今居住在苏州古城区的人们，倘若追溯到三四代前，怕是至少有半数家庭都从事过同丝绸业相关的工作。即便曾经主要分布在古城东北区域的国有现代丝织产业，已经被岁月冲刷得几乎无迹可寻，然而丝绸的根早已驻扎在了苏州，融入了苏州人民的血脉之中。在历史发展演变中逐渐积累下来的近现代中国苏州丝绸档案，具有其鲜明的时代特征，它不仅浓缩了近现代中国丝绸的文化和技艺，还见证了苏州丝绸发展的历史进程，是研究近现代丝绸产业发展历史的重要资料。

中心保存有大量关于丝绸行业的珍贵纸质档案和历史资料，如道光、咸丰、同治、光绪、宣统年间的苏州丝织行业契约档案以及民国年间的苏州丝绸企业会计凭证类档案等，对研究苏州丝织业的起源和民国时期丝绸企业发展史有着非常重要的意义。据旧志记载，元至正年间始建苏州织造局，此后明清时期，为满足宫廷需求，朝廷都于苏州设有织造机构。"清朝苏州织造局由总织局和织染局共同组成……康熙十三年（1674），在总织局的基础上成立织造衙门（也叫苏州织造府或织造署），""光绪三十二年（1906）苏州织造局停织。至此，以上贡为主要职责的官府织造彻底退出了历史舞台。"如今位于苏州市带城桥下塘的苏州第十中学，就为清代苏州织造署遗址。而由清代苏州织造署所使用并流传下来的花本，则被专家戏称为新中国成立后苏州所有丝绸厂使用的花本"祖宗"。

与织造局无奈成为皇家服装厂所不同的是，在新中国成立后，怀着对新生活的美好憧憬、期望以及对领袖人物的崇敬，各地有能

力的丝织厂纷纷织造起以毛泽东主席为主的领袖形象。随着织制像锦画工艺技术的提高，歌颂伟大领袖毛主席、反映毛主席领袖风采的丝绸画得以大量生产。这些花本、像锦织物的相关档案都收录在近现代中国苏州丝绸档案中，它跨越了中国皇权社会结束、现代社会兴起的特殊历史时期，凝聚了洋务运动以来中国民族工业家实业兴邦的报国情怀。虽然产生这批档案的绝大多数企业，已在 21 世纪初的国企改制中消失，然而丝绸产业在苏州发生、发展的历史状况在余留下的这些档案史料中尚能窥见一二，为研究各个历史阶段丝绸产品演变的轨迹和概貌提供了重要的资料。

六、应用价值——以丝为旋律，奏出时代新声

档案的最终价值在于利用，而不是躺在库房里做睡美人。前文所提到的丝绸纹样现如今已被更多人所熟知，许多丝绸大师会到中心寻找合适的纹样，这些图案、装帧装饰已经广泛应用于现代生活。

而这批丝绸档案中的产品工艺单，更是从技术层面清晰地展示了中国传统丝绸产品的工艺特征、结构技巧、产品规格、纹样色彩等，这是近现代中国苏州丝绸档案中含金量最高的一部分。这些宝贵的、不可再生的技术资料，对丝绸的复制或生产同类产品具有极大的参考和应用价值，并能为新产品的开发提供创意。

近年来，中心建立了 2 家丝绸档案文化研究中心和全国唯一的"中国丝绸品种传承与保护基地"，同苏州大学等学校开展丝绸保护技术研究，与各地丝绸企业共建了 14 家"苏州传统丝绸样本档案传承与恢复基地"，提供档案中的丝织品样本和技术资料，依赖

丝绸企业的专业化研发和生产设备，逐步恢复、创新濒危的传统丝绸工艺。馆藏明清宋锦、罗残片，已得到不同程度的恢复，漳缎祖本也得以解密。

中心在第五届中国苏州文化创意设计产业交易博览会（简称创博会）上，推出了"非遗"和"国礼"丝绸专题展，展出档案史料、实物和图片等近 200 件，吸引 6000 人次参观，受到中外参观者和各级领导好评，成为媒体关注热点之一。这是中心积极响应苏州推进"丝绸档案＋"档案资源开发利用新模式的表现，也是"丝绸档案＋"开发利用成果的一次精彩亮相。在观看中国丝绸档案馆"档企合作"成果时，江苏省档案局谢波局长说道："中国丝绸档案馆在丝绸档案资源开发利用工作上为档案界提供了新鲜经验，打破了传统档案利用的框框和方式，把档案资源的开发利用同地方社会发展、经济建设、城市文化和百姓美好生活相结合，具有推广价值。"

对苏州丝绸档案进行开发利用，将存在库房里的丝绸档案由幕后推向台前，一方面可以根据市场需要将档案转化为现实的社会财富，为丝绸产业的转型升级服务；另一方面可以为国内外丝绸品种保护和系统性研究提供充足的资源，更好地为发展丝绸产业、传承丝绸工业文明和弘扬丝绸文化服务，从而为中国丝绸业的发展提供更为强劲的推动力，实现经济效益与社会效益的共赢。

2015 年，近现代中国苏州丝绸档案被列入中国档案文献遗产名录。2016 年 5 月 19 日，该档案通过第七届联合国教科文组织世界记忆工程亚太地区委员会（MOWCAP）的严格甄选，批准列入世界记忆亚太地区名录，成为亚洲及太平洋地区具有影响意义的文献遗产之一，这也是国内目前唯一一组由地市级档案馆单独申报并成功入选的档案文献，是中心保护开发丝绸档案所迈出的一大步。同时，为使其得到更好地保存和利用，国内首家和唯一一家专业的丝绸档案馆——中国丝绸档案馆，已于 2013 年 7 月在苏州启动建设。2015 年 12 月 16 日，国务院办公厅正式发文，同意苏州市工商档案管理中心加挂"苏州中国丝绸档案馆"牌子，丝绸档案馆工程建设和一系列征集工作目前已经顺利展开。

围绕"一带一路"倡议，苏州市工商档案管理中心积极响应号召，充分利用档案部门的资源优势，通过辛勤梳理和系统整合，围绕近现代中国苏州丝绸档案，展开了一系列探索与尝试，从中发掘出这批丝绸档案的价值。近现代中国苏州丝绸档案从散存到整合，从偏居一隅到惊艳世界，如今又在国家档案局支持下成功入选联合国教科文组织世界记忆亚太地区名录。漫漫丝路行，在贯穿千年的经纬蓝图上，近现代中国苏州丝绸档案必然会添上其浓墨重彩的一笔。

参考文献

陈鑫等：《苏州丝绸业的记忆——苏州丝绸样本档案》，《江苏丝绸》2013 年第 6 期。

陈鑫、卜鉴民、方玉群：《柔软的力量——苏州市工商档案管理中心抢救与保护丝绸档案纪实》，《中国档案》2014 年第 7 期。

李泽厚：《美的历程》，天津社会科学院出版社 2006 年版。

吴淑生、田自秉：《中国染织史》，苏州大学出版社 2005 年版。

向云驹：《人类口头和非物质遗产》，宁夏人民教育出版社 2004 年版。

俞菁：《苏州官府织造机构始末》，《档案与建设》2015 年第 4 期。

赵丰:《中国丝绸通史》,苏州大学出版社 2005 年版。

作者简介

杨韫,女,苏州市工商档案管理中心,助理馆员。

陈鑫,女,苏州市工商档案管理中心,副研究馆员。

卜鉴民,男,苏州市档案局副局长、苏州市工商档案管理中心主任,研究馆员。

◎**专家互动**

卜鉴民: 我们苏州市工商档案管理中心对目前现有的两万多卷丝绸档案已经采取了一些保护措施,我们专门举办了一个展览,明天联合国教科文组织的专家就可以去看一下。关于如何进行电子化,我们目前初步尝试对一些丝绸档案以及丝绸样本进行数字化的扫描,但是由于丝绸这个载体有它的特殊性,所以我们也只是在尝试。另外,我们前几年跟相关的研究院合作对丝绸档案特别是丝绸样本进行纳米技术的保护,也取得了一点小小的成绩,我们也在初步的尝试,对于纳米保护这些丝绸样本到底效果如何,我们还在阶段性地进行试验。还有,对丝绸档案中的纸质档案,我们还是按照档案馆传统的一些保护方式进行保护,再就是进行数字化,这一块政府投入也比较大。我们苏州丝绸档案如何来进行技术的保护以及传承开发,也希望得到联合国教科文组织专家的指导和帮助,谢谢大家。

维托尔·丰塞卡: 吴品才教授的发言很有意思,我同意您的观点。丝绸档案给我们提出了很多的问题,而这些问题足以引发我们的深思,为什么呢?不单是因为你们有传统的历史文档,丝绸的样本,还有别的原因,那就是因为丝绸样品对保存的工艺也有很大的挑战。再有一个原因是，我们有历史档案馆、永久档案馆，这些档案不但有历史价值而且有经济价值，我很认同您的这个观点，那就是说档案还可以用来复制一些失传或濒临失传的记忆，或者是开发新产品，这是一个非常有意思的观点，我完全同意。这样一来我们就有必要思考并且创造更多的理论框架，我想指出的是，事实上，我们传统上对档案的概念里一直是包括实物样本的，因为档案是在正常的工作和生活中积累和收集起来的，他们是人类活动的证据，所以很显然，如果你们生产丝绸纺织品，那么你们的档案馆里面就应该有丝绸的样本，应该有丝绸的花本，还有书面的设计记录，还有政府的有关法规，等等。我认为事实上，这并不是一个新的概念，这是一个传统的概念，真正新的东西在哪里呢？那就是我们还在加深我们对"档案是什么"的理解，这一点非常有意思。我刚开始在档案馆工作的时候，那是 30 年前了，我们在巴西也有过类似的辩论，我们也有一些花样的实物，还有纺织品的面料，还有一些手工艺品，也是当作藏品藏在档案馆里。有的人当时就开始讨论了，这样的实物到底应该不应该看成是档案，我非常高兴地看到 30 年后我们不再讨论实物算不算档案这个问题了。在一本书里讲到香水档案馆，因为香水这种实物也可以作为档案材料得以保存，甚至连汽油也可以作为档案馆的藏品，以证明人类的活动，所以我完全同意吴教授的观点。我们应该进一步思考。我想指出的是，实物作为档案藏品不是一个新概念，而是符合档案的传统定义的。实物样本一直是档案馆的藏品，也许在历史上有些时间段因为纸质的文件数量比较多，还有一个可能的原因就是纸质的档案比较好保存，而实物的样本不太好保存，所以慢慢的，有的人就开始不能理解实物样本也能够成为档案。谢谢！

卜鉴民： 刚刚维托尔·丰塞卡先生讲得很好，我想再补充一下所谓的实物档案这一部分内容。我们的丝绸档案里面有很多丝绸样本，这些样本虽然是实物，但是与其他的实物是有本质的区别的。这个样本不是孤立的或者说纯粹的就是一个样本，不是这样。80 年代中后期，我们苏州企业档案恢复整顿过后，特别重视企业档案里面的产品档案、科研档案，而这些丝绸企业的产品档案，把整个生产流程跟设计、式样以及大批量生产过程当中形成的纸质档案和样本都留下来了。明天你们可以到我们档案馆去看，这个样本是粘在这个工艺单，或者技术设计的单子上的，而不是纯粹的就是单——一个样本。所以说，我们这个样本不光是实物档案，或者说纯粹的技术档案。80年代后期苏州企业档案做得很好，这些档案对整个企业的生产经营发展，新产品的开发以及科研起到了重要的作用。目前工商档案管理中心里面的很多丝绸档案，已经在相关的丝绸企业里面进行生产，企业拿了这个技术的资料或者是样本，通过上面记录的技术参数跟生产流程，直接在现代化的机器设备上生产出来。我们目前正在积极地探索，如何让我们档案馆里面的那种所谓的"死档案""变活"，来为现实的企业发展、经济社会发展作贡献。我们建了14家企业合作基地。我们除了要抢救濒危的档案，要保存好档案，最关键的落脚点应该是档案如何来发挥作用。我们这些丝绸档案通过几年的收集、整理、保管、开发利用，在档案部门如何与企业进行跨界合作等方面，实质上取得了很大的成效。明天我们有两个展览，希望联合国教科文组织的专家亲眼看一下，来真正体会到档案如何为社会服务，如何为老百姓服务，为企业的生存发展服务。

世界记忆项目亚太地区委员会：
让更多人了解太平洋地区的历史

戴安·麦卡斯基尔

大家早上好！

首先感谢主持人对我的介绍和欢迎。另外也要祝贺"近现代苏州丝绸样本档案"入选世界记忆亚太地区名录。拿出 30 万种丝绸样本，展示它们的价值，对创意产业以及东西方往来历史研究等都有重要意义。

今天我要和大家分享的是世界记忆项目亚太地区委员会（MOWCAP），我介绍的重点不是亚洲部分，而是太平洋地区。我首先介绍一些 MOWCAP 的背景信息，不知道在座的有多少人清楚亚太地区委员会是如何运作的，它的价值何在，为什么地区委员会对我们所有人所有国家都很重要。之后我会聚焦太平洋地区，和大家分享几个那里的故事，它们通过世界记忆项目向我们讲述着那些太平洋小国的历史。最后，我还要介绍一下亚太地区委员会面临的挑战。

或许大家不太了解亚太地区委员会，我想先来介绍一下我们这个组织。委员会主席是李明华先生，我们还有 4 位副主席，他们来自亚太各地。我们的秘书长常驻香港，地区顾问伊藤美纱子

（Misako ITO）女士常驻曼谷。伊藤女士是亚太地区委员会与联合国教科文组织的主要联络人。另外我们也有一些特别顾问，其中两位常驻香港。和国际咨询委员会类似，我们也下设分委员会，协助完成对所有委员的提名和推荐工作，正式入选名录会在之后由所有国家共同参与的全体大会决定。

下面我们来了解一下亚太地区的范围。它是教科文组织的 5 个地区之一并且着实幅员辽阔。亚太地区一共包括 43 个国家，几乎覆盖了全球面积的一半，所以从面积来说我们是最大的地区。北至蒙古，南至新西兰，西至土耳其和乌兹别克斯坦，东到基里巴斯等太平洋小国和库克群岛。

世界记忆项目有国际委员会和国家委员会，为什么还有这个地区层级的委员会呢？对亚太地区来说，有几个问题很重要。亚太地区的许多文献遗产、经历、故事都相互关联，我们希望人们能够认识到其重要性。另外我们也希望通过这个项目推动资源共享，在该地区举办工作坊、研讨会，协助亚太国家项目申请入选世界记忆名录和亚太地区名录。关于入选名录，很重要的一点是，在所有亚太国家，政府都非常重视这个名录，会给予财政支持，这样文献遗产就获得了财政资源。在一些太平洋小国，口述故事亟待重视和保护，因为它们是重要的文献遗产，但是这些国家缺乏条件，比如必要的设备条件。我们想推动地区内国家的联结，共同参与世界记忆项目。再重复一次，亚太地区一共有 43 个国家，很难把设有国家委员会的国家一一列出来，在这 43 个国家中，有 20 个国家是有国家委员会的。

现在来介绍一下我们所感兴趣的这些国家的规模。亚洲区域包括了世界人口 4 大国中的 3 个，另外一个位列第 3 的人口大国是美国。中国和印度人口都超过 10 亿。在太平洋地区，澳洲是人口最多的国家，超过 2400 万，但是太平洋地区还有像图瓦卢这样的国家，只有 11000 人口，甚至有像纽埃这样只有 1600 人的小国。正如我先前所说，这些年来，我们在保护文献方面积累了大量经验想和大家分享。太平洋地区的一个问题是这里气候普遍湿热，不利于纸张储存，除非有特殊的存储条件。

所以我们该怎么做呢？我们致力于让太平洋国家有更多的文献被记忆名录收录。亚太地区名录收录了 46 项记忆遗产，只有 9 项来自太平洋地区，其中 3 项来自澳大利亚，2 项来自新西兰，太平洋地区最大的两个国家。世界记忆名录共收录 301 项记忆遗产，其中有 10 项来自太平洋地区，这 10 项中只有 2 项来自澳洲与新西兰以外的太平洋小国：斐济和瓦努阿图。

为什么这些太平洋小国的故事对于世界来说也很重要？我们为什么要去保护这些能找到的文化遗产呢？我们知道，太平洋地区的历史，在欧洲人到来之前都是口头传承的，不是文本书就的。太平洋国家没有像中国等亚欧国家所有的古老记录。太平洋地区的故事是殖民故事，是殖民国家的历史：比如从其他国家运输奴隶的历史，比如战争的影响，这些对太平洋地区都意义重大，尤其是二战和殖民历史对这里的影响。另外，也有许多积极故事，比如独立运动、文化传承等。

前不久，我们在斐济苏瓦成功举办了一场工作坊。我们争取下一届世界记忆亚太地区名录提名时能够收录 5 项来自太平洋地区的文献遗产。大家都积极热情，致力于让文献遗产为大众所用，让人们更多地了解国家之间以及各国历史之间的相互联结。

我有几个例子想与大家分享，通过这些例子我们可以更好地去了解这些太平洋国家的故事，看到它们的真实性和重要性。在19世纪晚期的太平洋地区，瓦努阿图、所罗门群岛等地的许多年轻人被强行带到斐济、澳大利亚等国家的甘蔗田充当劳动力。大多数人没有再回过家乡。比如有些人被带到澳大利亚的昆士兰。斐济以及昆士兰的殖民移民文献现已入选世界记忆亚太地区名录。文献入选时，人们都很兴奋，尤其是在斐济。斐济国家档案馆的工作人员带着这些文献的副本到斐济各地，寻找100多年前被带到斐济的移民者的后代。我们可以看到大家的热忱，这说明入选名录确实是有很大影响的。

我再给大家举一个例子，也是被亚太地区名录收录的文献——德属萨摩亚殖民统治档案，德国对这里的殖民统治结束于1914年第一次世界大战之初。这份档案让我们看到德国在太平洋地区的殖民统治及其对当地人生活的影响，这与英国殖民、法国殖民、美国殖民、葡萄牙殖民的影响类似。殖民统治结束后，便是传教士的到来，他们要改变被殖民国家的社会本质，让他们更像欧洲国家。另一件有趣的事是，在萨摩亚，人们现在讲萨摩亚语和英语，大多数人会讲两种语言，但是，萨摩亚的历史文献大部分是由德文写成，而现在那里已经没有多少人说德语了。而且据我了解，当时所使用的是一种非正式的德语，现在即便是德语母语人士也觉得很难懂。

我的最后一个例子很特殊——库克群岛，这个国家只有不到12000人。有一份非常珍贵、脆弱的文件现藏于这里的一家博物馆中，这个文件是英国与库克群岛签订的一项协议：英国将保护库克群岛。那时，法国人在太平洋地区有很大的势力范围。在殖民历史中，因为一个殖民国家竭力阻止另一个殖民国家获得影响和利益而产生了许多事件。这个文件证明英国曾是库克群岛的保护国，实际上库克群岛政府现在依然沿用英国式政府体系。

在太平洋地区，我们开展了很多项目，让太平洋历史和各地不同时段历史之间的联结为大众所知。比如世界记忆亚太地区名录，这是一个很成功的项目，让人们认识到太平洋历史的重要性。此外我们还举办了工作坊、研讨会、咖啡桌书活动。我们也有亚太地区委员会网站，覆盖亚洲和太平洋。另外我们也有新闻简报、研讨会，共同研讨工作执行事宜。洛塔尔·乔丹所提到的所有活动目前都在各地开展。另外我们也热切希望能够和亚太地区的档案馆建立联系，因为很多小国没有网络目录编目，文献遗产的获取就有很多困难。我们现在面临的挑战包括：给项目寻找资金支持；参加工作坊的高成本，远距离导致的高交通成本；建立国家委员会；把档案在网络上公开；另外还有文献的保存。我希望大家去访问我们这个网站，不过我们正在更换供应商，所以现在无法访问，但很快就会重新开放。我们会把所有的新闻放到网站上，包括这次会议的内容和照片。

最后，我在准备这个报告的时候就想到，我们许多同事会在这次会议上相聚。几个月前，这些同事在斐济参与了文献保护工作，乐趣很大、收获颇丰。他们是：来自亚太地区委员会分委员会的扬·鲍斯（Jan Bos）；亚历山大·卡明斯（Alexander Cummings），他参与这个项目很久了；罗斯林·罗素（Roslyn Russell），他今天也想来参会，但是未能如愿，他现在正忙于我所提到的教育和研究分委员会。

我的报告到此结束，谢谢大家。

作者简介

戴安·麦卡斯基尔，女，联合国教科文组织世界记忆项目国际咨询委员会委员、亚太地区委员会副主席。

世界记忆项目和文献遗产的
教育与研究：记忆机构、学术领域、学校

洛塔尔·乔丹

女士们、先生们，早上好，再次感谢各位的邀请，让我有机会来到苏州，我对这次会议非常期待。很抱歉我并不是档案从业者，但是我想我们都希望相互合作，共同致力于世界记忆项目的发展，所以在此我也邀请在座的中国以及世界各地的档案专家和各领域专家与我们就教育研究开展合作。

我所作报告的第一个要点是关于文献遗产（包括电子形式）的保存和获取，这个提议在 2015 年联合国教科文组织全体大会上获得通过，与世界记忆项目密切相关。这个建议作为国际法律工具，并没有联合国公约那么大的约束力，但比宣言效力更大。它将使世界记忆项目受益。

现在我们来看一小段话，大家就可以看到它与我今天要讲的内容的联系：联合国教科文组织成员国应开发教育研究的新形式、新工具，用于公共领域文献遗产的保护和利用。这就是我今天想让大家与我和我的同事共同思考的议题：针对世界记忆项目教育研究的新形式、新工具。

大约 3 年前，联合国教科文组织建立了教育和研究分委员会，

世界记忆项目总干事和执行委员会参与了这项工作，因为大家都看到了世界记忆名录和地区委员会数量的快速增长，文献遗产的教育研究因此变得必要。首先，我们分委员会的使命是制定策略和方案，使世界记忆项目、名录和世界文献遗产制度化，获得可持续发展。其次，我们分委员会还致力于针对世界记忆项目开发创新性课程、开展研究，跨学科、国际化，并借助网络手段。

我们这个分委员会只有 5 名委员，这么小的规模肯定无法覆盖所有领域。因此我们迅速建立了一个官方网络，大家在联合国教科文组织的网站上可以搜索到。这个网络覆盖了我们的合作机构和会员们，这些机构都可以作为档案馆。在国家档案馆层面，我们的官方合作伙伴包括格鲁吉亚国家档案馆、日本国家档案馆等，韩国国家档案馆在几星期前刚与我们建立了合作伙伴关系，当然，我们也欢迎中国国家档案局以及中国各级档案馆加入我们。任何时候都可以找我讨论此事，我们非常欢迎合作伙伴。

我们的个体会员包括档案从业者、图书馆从业者、大学教授等。他们都有很高的天赋，有些可能不是博士生，级别可能更高。机构和个体会员之间没有等级之分，但是我们还是区分了机构和个体，这是合理的做法。今天在座的就有我们的会员，比如我的同事帕帕·摩玛·迪奥普先生，他是世界记忆项目国际咨询委员会的副主席，同时也是一名档案学教授，因此他也是我们这个教育和研究分委员会的成员。这里有一些例子，大家可以参照对比判断自己或者所在组织机构是否适合加入我们。国际比较文学学会两个月前刚成为我们的合作伙伴。无论是现在还是未来，世界记忆项目都要与档案馆、图书馆和国际档案理事会、国际图书馆协会联合会这样的组织紧密联合。这些机构是我们的项目的基础，另外我们也需要其他领域的合作伙伴，比如文献方向的历史系教授、讲师都会成为我们理想的合作伙伴。再举一个例子，这些学会目前正致力于东亚文学比较史学这一大型项目，届时将会出版五到六卷图书。我们热切提议图书内加附光盘，收录东亚重要文献，比如作者手稿、作者照片或画作，如果是现代文学的话，还可以有作者访谈、语音记录等。这个项目具有很大的合作潜力。

再举个例子，知识媒体研究中心，这是来自德国的合作伙伴，他们正在进行触摸屏开发。这样文献就变成了虚拟的，可以应用到很多地方。对这些收录到世界记忆名录里的文献，可以操作的选择有很多。可以把它们导入到智能手机中，你就可以将其放大，看到极小的细节。如果进行翻转，点击玻璃屏，就能看到文献背面的讲解。这些功能都已经开发出来了。这些都只是图片，它们也可以被应用到研究教育，导入文献，进行放大，在背后添加注释……比如，你手里有尚未研究的活页乐谱，可以点击玻璃屏，你就会听到音乐。这就是非文献类机构与世界记忆项目合作的例子。

另外，从去年开始，学校成为我们新一类合作伙伴。我们刚去过澳门，拜访了世界记忆项目的第一个官方合作学校。我们非常感谢杨教授，她帮助我们找到这样一所学校，接下来她会和大家分享更多信息。我们也希望与中国内地的学校进行合作。这就需要把文献遗产纳入学校教学。合作形式可以模仿我们在澳门的项目，也可以通过档案馆建立特殊合作。学生可以集体到档案馆参观，了解文献遗产，学习丝绸历史、政治关联、技术发展等内容。所以在这里我还有一个请求，希望大家帮我联系中国内地的合作学校，一开始并不需要很多，几个学校就够了。我们正在开发世界记忆项目学校教材，在教材中，我们给出了例子，展示如何将文献遗产和名录应用到全世界的学校教学中。这是全新的工作，但是新事物往往能更好地促进发展。

我们另外还有一项工作是建立世界记忆知识中心。想象一下，一些致力于世界记忆项目和文献遗产工作的小型档案馆、专门性档案馆或图书馆，专门收集一个国家或民族的记忆资料，所有被名录收录的项目的基本信息等其他重要材料，必须有人来指导大众如何使用这样的机构，比如硕博研究生想要研究这些资料的时候。虽然时间还很短，但是我们在澳门的同事已经于 11 月 21 日在当地成立了世界记忆知识中心。这是全新的尝试，也是为什么我们国际咨询委员会和许多分委员会的众多同事今天能在此相聚的原因，他们之前都在澳门。下一个知识中心可能会在韩国安东成立，因为安东拥有入选世界记忆名录的一个项目以及传统木刻内容。我们就成立韩国世界记忆知识中心签署了合作备忘录。这可能会成为第二个世界记忆知识中心，但是我又从来自塞内加尔的同事那里听说塞内加尔对此也感兴趣。在中国，除了澳门，中国内地也有充足的资源来成立一个记忆知识中心，可以就叫中国世界记忆知识中心。这些知识中心既要发挥实体中心的作用，又是虚拟档案馆。它们要对世界记忆项目给予支持，收集我之前所提到的资料，尤其是与国家起源相关的资料。

我们还应该寻求与世界文化与自然遗产和世界非物质文化遗产项目的协同合作效应。许多档案馆拥有世界文化遗产资料，能够提供很好的基础。波兰华沙曾经几乎被德军完全毁灭，但是因为波兰同事成功保存了关于这座城市的资料，华沙才得以重建。大家能够体会到文献对世界文化遗产的重要性。这一点在今天的叙利亚也能够体现：比如，巴尔米拉正被恐怖分子摧毁，但是这座城市较好地保存了自 18 世纪以来的文献、精致的画作和现代照片，当某些地方需要重建时，就要用到这些资料。如果没有这些资料，重建工作就无法实现。所以我要再次强调，文献对文化遗产和非物质遗产有着重要作用。

下面进入第二部分：使用权。我们来探讨一下使用权（access）的含义。使用权首先是接触、了解档案馆、图书馆和博物馆所藏内容的权利，然后是通过技术手段，主要是网络，使用这些内容的可能性。我们可以看到文献既是载体又是内容，使用文献既是使用这一载体也是使用这一内容。让我们以一份德国文献为例。大家是否会觉得我们在中国开会，举德国的例子不太合适？国际咨询委员会那些欧洲同事也觉得不公平，但是相信我，即使是个德语读者也不能读懂这个文献。它是一张纸，25×20 cm，并不大。上面写满了草稿，几乎无法解读。当你在档案馆找到这样一份材料时，根本无法辨别它形成的时间，因为它也没有给出详细的时间。图书馆去鉴别文献的形成日期，这是很有趣的工作，但也经常无法完成。这还只是材料的一部分，大家可以看到这一部分非常难辨认。这个材料来自我的博士论文，我花了很多年去解读全部材料。它来自 19 世纪，包含了国家级的重要信息。大家可以看到我解读过的一些内容。辨析 1825 到 1833 年之间的材料是很困难的，无论是图书馆从业人员还是档案馆从业人员都无法让时间更精确。它仅仅对某些特殊研究有意义。如果把它放到网络上，它并没有什么用处，这是我的感受。

目前在欧洲，欧洲文化图书馆项目正在努力把一切与欧洲文化遗产相关的内容放到网上，每个人都在为这个项目努力，这个项目将一直延续到 2025 年。但是如果把我刚才举例所用的材料放到网上则没有什么意义。就文献遗产来讲，我们需要寻找更合适让内容网络化的方式。举个例子，像欧洲文化图书馆这样的大项目，我们就需要添加很多注释，否则没有人能够读懂刚才的德语文本。使用文献不仅仅意味着通过网络展示文本、图片、地图等，更要采取全球观进行统筹安排。如果某些文献只与某地区相关，那是另外一回事。但如果该文献，比如被收录进世界记忆名录或地区名录的文献，它具有全球影响力，那么我们就不能仅仅把图片展示给全世界的读者。想象一下，你把来自中世纪的波斯地图放到网上：对伊朗以外的读者来说，它有什么意义呢？

如果我们想改进网上现有的文献内容，我觉得在未来大约50年里，我们需要在档案馆、图书馆以及全世界的学术圈之间建立一个桥梁，因为网上的大量文献信息将是由大学里的多媒体方向的教授、历史学家以及其他相关专家提供的。一旦涉及数字人文，我们就需要在世界记忆项目相关机构与学术圈之间建立联系。一个具有可行性的方案是开设世界记忆研究这一专业，致力于跨学科、国际化研究，以文献资料为教材，运用信息、通讯技术，促进虚拟研究，优化教学环境，惠及多个学科。初期阶段，它不需要作为一个独立的学科，可以作为档案学、历史、哲学、博物馆学甚至是工程学这些拥有悠久历史的学科的补充学科。它将发挥很大的作用，所有这些不同学科紧密合作，我们就可以逐渐发展出世界记忆研究这样的独立学科。这是我的想法。在澳门这些想法已经开始实践，在德国我们在做这样一些工作，把更多的文献资料放到其他学科中，比如对历史专业来说就很实用。

下面我要回到我之前提到的学校上来。我们正在为中国澳门、德国、巴西、阿布扎比开发世界记忆学校教材，这个小小的电子书将包括学校模块以及对现有课程的补充课题和活动。我们正在寻找可以纳入教材的最佳实践案例，比如如何组织学生到档案馆参观（我相信这在中国一定可以实现），或者让学生到图书馆获取知识（这种实践已经很常见了）。但是我们需要收集这些实践的信息，与世界各地分享不同地方的实践经验。很多档案馆、博物馆、图书馆都有很好的教育项目，但是我们需要把这些项目与文献遗产联系起来。

最后再次恳请大家帮助我们寻找对我们的项目有兴趣的学校和档案馆。我们会为世界记忆日、国家法定节假日、主题周等提供活动建议，并且组织学校活动。我们会针对不同国家给出不同方案。希望大家协助我们寻找合作伙伴，让我们共同就世界记忆项目教育与研究事业相关问题寻求解决方案。在座很多都是相关领域的专家，我相信一定会有同事给出切实帮助。

我的演讲到此结束，谢谢大家。

作者简介

洛塔尔·乔丹，男，联合国教科文组织世界记忆项目国际咨询委员会副主席、教育和研究分委员会主席。

◎专家互动

徐拥军：乔丹先生，我想向您介绍一个情况，在中国内地我们有34所高校设有档案学专业，上周我们34所学校在北京有一个会议，一起商量档案领域里面档案教育的一些问题。据我所知，这34所学校，很多都是ICA的会员，就是国际档案理事会的会员，但是大家好像都没有加入联合国教科文组织。所以我建议，以后联合国教科文组织可以多关注一下我们中国有档案学专业的高校，我们也很愿意和联合国教科文组织加强联系，加强合作。

洛塔尔·乔丹：谢谢您，这是非常重要的信息。我们知道中国有档案方面的一些教育，但不知道这些同行们都在做些什么。世界记忆项目，尤其是我们这个分委员会经费有限，所以我们需要建立一个网络来给我们更多的信息。我们从 11 月份开始就发了简讯，简讯上面可以刊登一些文章，比如说有一篇论文，讲的是南京档案馆把 1646 年左右的一些欧洲文献翻译成了中文，这样的一些努力。我们需要更多的来自中国同事的信息，我们现在的无知，不是我们有意的无知，而是因为我们的合作力度还不够，我们希望，我们的合作能够快速增多，为此，我们需要实质性的帮助。顺便说一下，祝贺您的发言，因为我在鲁尔地区住过一段时间，所以对您讲的鲁尔工业区的改造情况还是比较了解的，鲁尔那里有很多的大型工厂，主要都是一些钢铁厂，不过他们还算幸运，进入了世界记忆名录或者是保护的名录。而其他地方也有这些大工厂，当地的市政府官员和人民都不知道拿这些工业建筑做些什么好。所以，这个决定是要看这个工厂的规模，如果规模比较小的话，建博物馆倒是可行的，但是如果规模大呢？所以如果工业遗产保存和传承要做好的话，那将是一个雄心勃勃的计划，谢谢！

陈鑫：乔丹先生，您好，苏州一直以来就很重视档案遗产的传承、普及，我们也组织了一些档案遗产进校园活动，例如面向中小学生的档案文献保护的普及活动。我想请问，对于联合国教科文组织来讲，有什么途径或者方式来支持一些这样的活动？或者说有哪些比较好的经验？谢谢。

洛塔尔·乔丹：谢谢您的提问。我们在 11 月份的时候刚刚建立了一个中小学的分委员会，我们首先也是要为这个分委员会寻找合作伙伴。澳门的杨女士就是我们的一个非常强大的合作伙伴，她可以成为我们整个中国区的学校教育的一位大使，她在这方面有一些经验。她在澳门也组织了一些活动，我想你们可以和杨女士建立起一些互动。再举一个例子，两天前我们在澳门还去参观过学校，那些学校里面有不同年龄和不同班级的小孩，他们就在研究世界记忆项目中不同的一些档案。比如说有一组学生，他们研究的是南京大屠杀的档案，还有一组学生研究的是其他名录里有的一些档案，比如童话，等等。这所学校工作做得非常棒。我们从这次探访过程中学到的一点就是，每一个学校都不一样，每一个学校都有自己的课程，有些课程是国家规定的，还有一部分是本校的或者是自己灵活机动安排的，那么这里面就可以包括跟档案馆的合作。所以，我觉得您得跟这些学校去商谈，看看他们的课程里面有哪些是可以结合这些档案的传承和开发的，我相信在中国学校的课程里面也有一部分是有关传承、有关历史的。如果说课程里面还没有这些内容，要说服教育部门纳入这样的课程，这当然是一个大工程。如果有那就更好了，您可以像澳门的同事们一样，从世界记忆名录开始做起，或者您也可以找一些社会档案馆，组织学生去档案馆上课，在那里他们可以学到很多东西，国际政治、历史、社会、技术之类。还有一种合作的方法，就是您到中小学里面去做演讲，总之有很多事情您可以做。在我去过的、了解的每一所学校里面，校长们听说这个合作项目的时候，首先会问你，在我们的这个课程里面，有没有这部分内容，你要研究这个问题。

赵彦昌：现在中国已经有 10 项世界记忆名录的珍贵历史档案，我发现这些档案有一部分是属于古籍、也就是属于图书系列的。其实在中国除了档案馆之外，还有数量广大的图书馆、博物馆，在它们之中也保存着非常珍贵的历史档案，也就是所谓的档案文献遗产。其实我们中国各级档案馆保存的纸质档案，最早的属于唐代，号称"唐六件"，在辽宁省档案馆。此外有保存更久远的甲骨文档案，一些非常珍贵的简牍文书，包括敦煌文书、吐鲁番文书、黑水城文书、徽州文书等，这些大部分保存在博物馆、图书馆以及一些科研院所之中。现在中国保存的最古老的档案，按照传统的认识，是甲骨文档案。其实在此之前还有一种更古老的档案，依然保存下来了，它就是我们所说的陶文档案，是刻或画在陶器上的一些符号和文字，在甲骨文之前就已经存在了，而且一直延续了很长时间，它的生命力比甲骨文更为持久，一直到了春秋战国时期，到秦汉时期，依然还在运用。这是一些情况介绍。

张照余：我是苏州大学的老师，教档案学。苏州大学跟苏州的新区档案馆在教学方面和研究方面有很多合作。去年，我们档案专业的学生进入小学做档案方面的讲课，引起了小学生对档案专业的兴趣。这个活动很成功，孩子们很喜欢。让他们从小就了解什么是档案，什么是文化。这个项目我们还会继续做下去。所以正如乔丹先生所讲的，在很多方面，可能我们沟通得不够，但其实我们已经做了很多事情。请教一下乔丹教授，刚才您的报告里面讲了可以参加 MOW，大学生、博士生包括我们老师都可以参与，成为准会员，有什么要求吗？怎么参与？我们需要做什么？

洛塔尔·乔丹：谢谢您的提问，非常高兴您现在就已经感兴趣了。成为准会员，您必须是一个文献方面的专家，至少是从事文献方面的工作，是做教育的或者是做研究的或者教育和科研兼做的，而且您还愿意参加世界记忆项目或者是世界记忆名录，当然您也可以研究其他的一些文献，世界上除了名录以外还有很多的文献。如果您参加我们的世界记忆项目，可以帮我们很大的忙。我们还可以共同开发一些未来的项目，在您的大学里，为您的学生开发一些项目，我觉得刚才说的活动做到两三项就够了。具体怎么参与呢，您写电子邮件给我告诉我您有意参加，然后我们通过邮件进行进一步的讨论，我想我们很快会达成一致意见，当然这不是我一个人决定的，我们还有分委员会的讨论，我说的分委员会是教育和研究的分委员会，如果我们的分委员会同意，我会写邮件向您发通知，程序就是这样。

世界记忆项目技术分委员会的
工作成果及其应用

乔纳斯·帕姆

在世界记忆项目自 1992 年起开展几年之后就出现了成立技术分委员会的必要,于是在波兰的普图斯克成立了最初的技术分委员会。建立分委会之后做的第一件事情,就是在捷克进行了数字化尝试,之后技术分委员会得以不断发展。

该分委会的职能一方面是在文献保护和使用方面提供指导,另一方面是协助举行研讨会或自行举行研讨会,为文献保存和使用制定规范。世界记忆项目网站上可以找到关于技术分委员会的信息,介绍了该分委会的成员和活动。

技术分委员会的主席由世界记忆项目国际咨询委员会任命,分委会成员依据其技术专长进行选拔。过去的成员主要来自欧美,但现在我们希望联合国教科文组织所覆盖到的地区和国家都有代表。我们已在努力改变这一状况,目前几乎所有地区都有相当数量的代表。在本届委员会中,我们有来自澳大利亚的委员凯文·布莱德利(Kevin Bradley)、来自新加坡的彭莱娣(Lai Tee Phang)、英国的乔治·波士顿(George Boston)、墨西哥的费尔南多·奥索里奥(Fernando Osorio)、奥地利的迪特里希·舒勒(Dietrich Schüller)以及我本人，乔纳斯·帕姆（Jonas Palm），来自瑞典，现任联合国世界记忆项目技术分委员会主席。

我们在过去几年里也发表了一些关于文献储存和数字化基本指导方针的文章。这些指导方针都是所涉及课题的基础。任何有意愿参与者均可申请修改该方针，以使其适用和满足当地环境和条件。

过去几年里，我们还积累了大量口头报告，大多数报告来自教科文组织委员会会议。这些报告主要是研究电子档案和数字化作为保存手段的成本。2015 年秋季世界记忆项目国际咨询委员会会议期间，技术分委员会在韩国首尔举行研讨会，讨论了视听档案及其保存、使用事宜。

作为开放信息项目，我们还参与了联合国教科文组织全民信息计划项目，其主旨是促进信息社会关于种族、法律和社会议题的国际层面的反思和讨论，通过信息开放促进社会平等，缩小信息资源丰富者和匮乏者的差距。

当前文献保存领域的首要重点是尽快确保模拟视听材料，我们说是 5 到 15 年，依赖于媒介。一个急切问题是重播设备和零件正在迅速消失，因此技术分委员会提议与国际声音和声像档案协会合作开展"磁带消亡警报项目"。我们已经完成了一些工作，比如国际声音和声像档案协会从一家瑞士公司那里购得最后一批磁头，这家公司制作全世界都使用的各种类型的磁带录音机，而这种东西正在消失。

技术分委员会参与的另一个项目是联合国教科文组织的持续计划（Project PERSIST），该计划专注于利用软件存储信息的方式方法，使人们得以在未来再现该项目。这不仅仅是保存信息那么简单，更重要的是这个项目让我们能够再次体验某些经历。

保存行动和措施很难覆盖世界所有地区。不同文化对如何保存事物持有不同观点。有些文化侧重于实物的保存，有些文化则侧重抽象的、精神的知识传承。洞穴壁画、石刻、金字塔都是永久之物，也已经存在了数千年。而在东亚，人们把一些绘画作品复制了一遍又一遍，作品真迹本身早已比不上作品传递的内涵更重要。僧徒基于历史传承而作沙画，数周之后，当创作完成，作品即被废弃，沙子被撒入溪流，以此向世界传播其信念。

所以我们经常遇到这样的悖论：我们保存了某些作品，却无法解读它们，比如岩洞壁画或石刻；而僧侣们知道如何解读也知道如何创作沙画，却从不保存画作。

关于保存这一概念，现在有一个问题，即这一行为可能与传统发生冲突。所以了解和分析问题以及解决方案尤为重要。如果保存这一行为妨碍到或与传统做法有冲突，那么保存就失去了意义。

我们正在应对的新挑战是如何存储数字信息。数字信息使信息首次无需通过媒介储存。信息成了一种间接形式，供使用、再使用、加工和获取。保存数字信息，需要将其从旧媒介转移到新媒介，从旧软件转移到新软件，如此便可以像僧侣转述沙画内涵一样保存数字信息。

我们总是希望把一切都永久保存，虽然任何事物都不能永久存在。尽管如此，我们还是认为我们有义务这样做。我们生活中的大多数物件，家中、博物馆中、档案馆中、图书馆中保存的物品，没有它们我们也能够生存，然而人类福祉却非常依赖于传统和文化。在信息大潮中，有些内容是极为值得人类保存的。有些记忆构成了国家生存和全球共存的基础，但除此之外，必须铭记的信息还有很多，比如核废料及其处置，我们要有措施将这些信息保存十万年。

我们还要竭尽全力让子孙后代懂得保存信息的重要性。

我的报告到此结束，但这项事业还远没有结束。

作者简介

乔纳斯·帕姆，男，联合国世界记忆项目技术分委员会主席、瑞典国家档案馆保护部主任。

◎专家互动

韩冬：我在中国国家档案局工作。我们中国档案馆的档案现在面临着纸张衰化的问题，纸张衰化之后就会发黄变脆，不利于档案的长期永久保存，我想问一问乔纳斯先生，您工作过的档案馆是否也面临着这些问题，你们有哪些好的技术来应对这种挑战？

乔纳斯·帕姆：是的，我们也有同样的问题，在瑞典，我们有一个档案馆，它保留的纸质文本比较多，我们现在还在讨论应该用什么样的方法来处理这些日益发黄的纸张。我们有超过 30 万件这个纸质的文本。技术手段都是要花钱的。第一点比方说降低室温，在储存室内降低室温。第二点就是用微缩胶卷拍下来，当然也可以进行数字化处理，但是这个是特别花钱的，还花时间，而且之后这个电子数据的保护也是要花精力的。所以我们现在要处理上述的种种问题，我想我们要把这些文本先排出一个轻重缓急的优先顺序来，有一些特别珍贵的我们就先保护，有一些相对来说不太重要的，我们就先做一些简单的拷贝。另外，说到电子化数据化，还有扫描，有一些纸质文本也不方便用我们普通的扫描器来扫描，所以确实是有各种各样的挑战。数据化这个手段出现之后，大家曾经认为问题找到了万能的解决方案，但其实并不是，我们国家档案馆现在也还是在摸索更好的方法当中。

赵彦昌：帕姆先生，我想了解一下，入选世界记忆名录之后，有没有对这件遗产以后的保存包括保护开发利用的情况进行进一步跟踪，它们在入选之后有没有再继续开发？

乔纳斯·帕姆：我希望有吧，我们尽力在这么做，如果收录进名录，实际上应该有更多的动力和利益去这么保护它。我们会设计这样一个问卷，几年之前我们就做了这样的问卷，然后我们收到了四份回复，好像大家实际上对于收录进名录看得更重，而对于之后的保护兴趣确实没那么大。我们也在思考，如果收录了之后没有更好地进行保护的话，是不是应该摘除出名录，但是我们知道，后续的跟踪也是需要很多资源的，我们希望在这方面可以做更多的工作。

世界记忆项目在非洲的开展情况

帕帕·摩玛·迪奥普

下面我将为大家介绍世界记忆项目在非洲的推广工作。评估世界记忆项目在非洲的推广情况，我们一方面可以分析非洲各国在世界记忆项目国家和地区委员会的数量和活力，另外一方面我们也可以分析被列入世界记忆名录和获得直指奖的非洲文献遗产数量。直指奖由韩国人创立，旨在鼓励和奖励在文献遗产管理方面作出创新贡献的机构和个人。

一、非洲国家委员会

非洲有多少个世界记忆项目国家委员会呢？联合国教科文组织世界记忆项目秘书处做过统计：联合国教科文组织的第一组里有10个国家委员会，包括加拿大、美国和西欧国家；而第二组包括13个国家委员会，是中东欧国家；第三组有18个国家委员会，包括拉丁美洲和加勒比海；第四组是亚太地区的国家，有12个国家委员会；第五A组是撒哈拉以南的非洲，有9个国家成立了国家委员会；第五B组是阿拉伯国家，共有5个成员。

这里我要讲的是五A组也就是撒哈拉以南的非洲，总共有49

个国家。目前有 9 个国家成立了国家委员会，49 个国家中只有 9 个国家建立了国家委员会，所以说这个覆盖率还是很小的。此外非洲各国的国家委员会也不够活跃，为什么呢？也许其中一个原因是我们的资源不足。我来讲讲纳米比亚和塞内加尔这两个国家的委员会，他们做了比较多的工作，比如组织了非洲的世界记忆项目会议，第一场会议是在纳米比亚的温得和克，于 2008 年 11 月 18—20 号举行，当时来自非洲地区委员会的代表都参加了这次会议，第二场会议是于 2011 年 4 月 4 号和 5 号在塞内加尔的达喀尔举行的一次工作坊，工作坊的主题是"西非文献遗产保护的挑战与视角"。

二、非洲地区委员会

非洲地区委员会的情况又如何呢？在 2007 年 6 月 11—15 号于南非共和国比勒陀利亚举行的第八次国际顾问委员会会议上，来自非洲的参会代表举行了一次全会，并且在那里通过了茨瓦内宣言，这份宣言见证了世界记忆非洲地区委员会的诞生。茨瓦内宣言通过后，南非共和国又在 2008 年 1 月 18 号举行了世界记忆非洲地区委员会会议，这次会议为非洲地区委员会设定了如下目标：推动世界记忆项目以及文献保护在非洲的宣传工作；鼓励在非洲各地建立国家委员会；推动非洲各个国家委员会之间的合作交流；推广和协助世界记忆项目在非洲的工作；在国际层面上代表非洲形象；建立地区世界记忆名录并且确定名录相关的采用标准；支持非洲参与直指奖以及世界记忆名录的申请工作……为了达到上述目标，来自南非的非洲地区委员会主席曼迪·吉尔德（Mandy Gilder）女士参与了会议，她将致力于在非洲的英语国家推广世界记忆项目。我自己作为来自塞内加尔的世界记忆项目国际咨询委员会副主席将致力于在法语国家推广世界记忆项目。

但是全新的非洲地区委员会并没有任何的财政支持，吉尔德女士和我也没有其他资源，只能用我们自己的专业知识再加上互联网来协助推广工作。就我这方面来讲，我去了马里的巴马科，在那里与马里文献遗产利益相关者举行了一次会议，商讨在马里建立国家委员会事宜。到目前为止，在非洲只有纳米比亚和马里创建了自己的国家委员会。

三、非洲在世界记忆名录中的收录情况以及直指奖的获奖情况

世界记忆名录一共有 344 件遗产，其中非洲只有 18 件，分布如下：南非 5 件、安哥拉 1 件、贝宁 1 件、埃塞俄比亚 1 件、加纳 1 件、马达加斯加 1 件、毛里求斯 1 件、纳米比亚 1 件、塞内加尔 3 件、坦桑尼亚 2 件、津巴布韦 1 件。可以看出，在入选名录的数量方面，非洲和其他地区相比还是比较落后的。而说到直指奖，目前为止还没有非洲的获奖者。从这个情况来看，我们是不是可以说非洲在文献保护方面的现状和活跃度还不是特别令人满意？

为了让世界记忆项目在非洲更加活跃，非洲需要向亚太地区委员会以及拉丁美洲和加勒比地区委员会这些积极活跃的地区委员会学习。目前，作为非洲地区委员会副主席的我，正在思考促进非洲与亚太地区委员会进行合作的事宜。

我的汇报结束，谢谢。

作者简介

帕帕·摩玛·迪奥普，男，世界记忆项目国际咨询委员会副主席、教育和研究分委员会准委员。

世界记忆项目拉丁美洲和加勒比地区委员会与巴西国家委员会：优势与挑战

维托尔·丰塞卡

非常感谢，在这里首先感谢主办方让我有机会来到这里和中国同事济济一堂。我来自巴西，我们知道巴西和中国澳门乃至整个中国都有着非常悠久的历史关系，因此我非常高兴能够来到这里。我希望我的英文不要给翻译造成太大的问题，毕竟英语不是我的母语。在这里我想给大家介绍一下世界记忆项目拉丁美洲和加勒比地区委员会以及巴西国家委员会方面的工作，它们的演进以及面临的挑战。

世界记忆项目拉丁美洲和加勒比地区委员会的缩写是MOWLAC。如图 1 所示，这一地区包括许多国家，可以划分为至少两大文化区：拉丁区和英语区，在这些地区我们使用的语言包括荷兰语、英语、西班牙语、法语，另外在巴西还使用葡萄牙语。这些国家拥有不同的历史、不同的殖民体系和各自独立的时间，在人口和地区差异方面也丰富多元。

图 1　拉丁美洲地图

MOWLAC 是 2000 年在墨西哥创立的，当时的创始成员包括巴西、智利、厄瓜多尔、牙买加、墨西哥、尼加拉瓜、秘鲁、特立尼达和多巴哥，另外还有来自联合国教科文组织（UNESCO）的秘书。到目前为止，我们一共举行了 17 届会议。MOWLAC 每年都会举办会议，每年也会进行提名。我们这个地区一共有 19 个国家委员会，这个数字是正式存在的数量。其中有一些非常活跃，但是也有一些实际上已经不太活跃了。每个国家委员会的主席对各自委员会是否活跃影响很大。如果主席非常活跃的话，这个国家委员会估计也会运作得很好，但是当该任主席离职后，委员会的工作就可能会怠慢下来。连续几任主席都很积极活跃的情况很少，很遗憾这种情况并不常见。

该地区委员会有 9 名委员，但是实际上我们的国家数量要超过 9 个，因而就会有一些问题。尽管每个子区域都会派出代表，但实际上只有墨西哥和巴西每次都会出席。

秘书一职始终由来自联合国教科文组织的人员担任，目前是吉列尔梅·卡内拉·戈多伊（Guilhereme Canela Godoy）在负责这项工作。他任职于联合国教科文组织乌拉圭办公室。另外我们还有三位顾问，他们参与讨论，但没有投票权，他们是来自巴巴多斯的伊丽莎白·沃森（Elizabeth Watson）、来自墨西哥的罗莎·玛丽亚·费尔南德斯·德萨莫拉（Rosa Maria Fernandez de Zamora）以及来自委内瑞拉的卢尔德·布兰科（Lourdes Blanco）。他们每一位的任期是 4 年。我们在换届的时候并不会 9 名委员一下全换掉，而是按照保留 5 名、换掉 4 名之类的方式来分批换届新任委员，所以如果上一届换届时换了 5 名的话，5 名新委员就会上任。这种做法比较理想，能够保证流程的连续性，避免因为新人缺乏该领域的知识而使工作间断。新老委员相间，充分发挥老委员的经验和新委员的冲劲。

在 MOWLAC 的网站上可以找到英语和西班牙语版本的相关规则、程序和会议纪要。另外还有世界记忆项目官方文件、文献保护和电子文献相关书籍，以及各国家委员会的官方书籍。出版物大多是 PDF 格式，有些只有一个语言版本。该网站所列出版物没有完全覆盖所有国家委员会，我们首先要了解这一点，然后我们也在争取获得授权将更多出版物放到我们网站上。

从图 2 可以看到该地区名录的逐年收录情况。

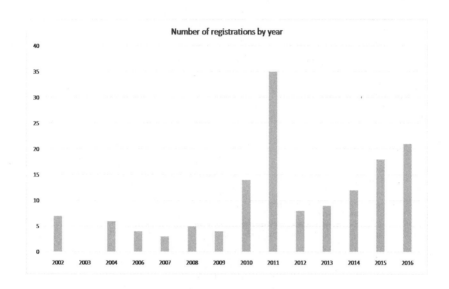

图 2　入选文献遗产数量年度分布统计图

2011 年收录的名录数量非常大，因为在那一年我们决定把所有在国际层面上收录的文献也收录到地区层面。因此 2011 年才会出现这样一个收录的高峰年。但之后的数目也是逐年有所增高，2016 年收录的文献大概有 20 多项。不过，收录的情况在各个国家的分布并不均匀。

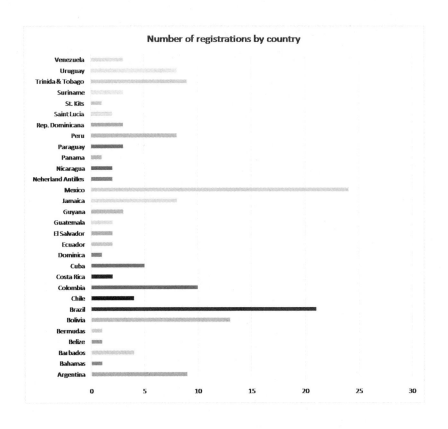

图3 各国入选文献遗产数量分布统计图

如图3所示，墨西哥和巴西这两个国家文献收录最丰富，其他国家则数量有限，还有些国家甚至几乎没有任何文献收录。

这里需要解释一下数目的统计：需要注意的是所有在国际层面收录的文献也收录在了地区层面，该统计数据不包含拉美和加勒比地区以外的文献。联合提名的情况下，所有参与国家都包括在内，所以有些国家虽有收录文献，但可能是联合提名文献。

几乎所有收录文献都是以档案形式出现的，这是个挺有意思的现象。虽然世界记忆与档案和文献资料都相关，但我们收到的档案资料明显更丰富。

图 4　MOWLAC 网站截图

图 4 所示为 MOWLAC 的网站。

这个网站是沟通的重要平台，在信息交换方面也扮演着重要的角色。我们面临哪些挑战呢？

首先，我们依赖于联合国教科文组织，除此之外几乎没有其他国际支持。很显然我们的经济来源也非常有限。事实上，联合国教科文组织给我们的年度会议予以支持，在会议主办国的协调下，联合国教科文组织承担机票，主办国承担食宿。所以主办国非常重要。

另一个挑战就是拉丁美洲和加勒比国家的代表还是很少，只有巴西和墨西哥这两个国家一直积极参与。我们有 9 名成员、1 位秘书和 3 名顾问，共计 13 人。所有的会议都涉及成本问题。为减少参会人员和所需成本，我们决定把整个区域划分成若干子地区，从子地区选取成员代表参会。举个例子，厄瓜多尔、秘鲁和玻利维亚这三个国家组成一个子地区，那么该地区我们只需要一个代表出席会议。如果此次会议代表来自玻利维亚，下一次则是秘鲁，再下一次就是厄瓜多尔。

下一个挑战是与各个国家委员会取得联系非常困难，其实只有几个国家委员会是真正活跃的，这主要是归功于委员会主席工作上的积极主动，这一点之前已经提及。

再有一个难题就是网站的及时更新。及时获得新闻，并用西班牙语和英语发布，难度很大。所有内容都用两种语言发布需要付出相当多的努力。

再有一个挑战是关于入选名录的那些文献，主要是档案文献，对这些档案没有任何监控措施。这些档案已被收录，但是我们地区委员会对这些档案的使用情况、保存情况无从知道。事实上，这项工作主要由委员会主席和网站负责人承担。

接下来介绍一下巴西国家委员会。

巴西是个大国，因为历史原因，我们的文化传承机构都集中在巴西东南地区，包括圣埃斯皮里图、里约热内卢、米纳斯吉拉斯和圣保罗这几个州。

对 MOWLAC 来说，在巴西召开会议成本很高。有时候，与其把大家召集到巴西开会，比如让来自亚马逊州的成员到南里奥格兰德，还不如到其他国家更方便便宜。从亚马逊州到南里奥格兰德比到迈阿密成本贵很多。这就会造成很多问题。

巴西国家委员会是 2004 年成立的，隶属于巴西文化部，巴西国家名录于 2007 年建立。巴西国家委员会一共有 19 名成员，大家知道国家委员会的组成较为灵活，各遗产相关机构都派有正式

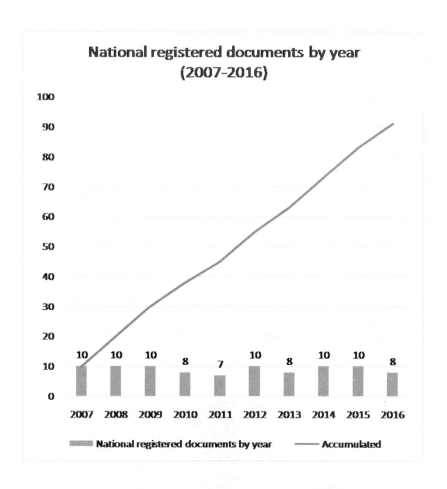

图5 2007-2016 年度入选国家名录的文献遗产数量统计图

代表，比如国家档案馆（Arquivo Nacional）、外交部（Ministério das Relações Exteriores）、国家档案委员会（Conselho Nacional de Arquivos）、巴西博物馆研究所（Instituto Brasileiro de Museus）、国家图书馆（Fundação Biblioteca Nacional）、国家艺术与历史遗产研究所（Insituto do Patrimônio Histórico e Artístico Nacional）、文化部（Ministério da Cultura）。上述机构有常驻代表，国家委员会成

员由这些机构指定。此外还有来自文化领域的代表，例如声像档案馆、教会档案馆、军事档案馆、市政档案馆、国家档案馆、私人档案馆以及研究学会。我们发现，大部分成员来自东南地区，所以我们努力确保巴西的每一个大区至少有一个代表，比如说至少有一个来自北大区，一个来自南大区，一个来自中西部大区，还有一个来自东北部大区。在国家委员会中，档案机构及档案类相关人员占有主导地位。我们也在努力平衡其中图书管理类机构及人员的数量，但还是档案类占多数。委员会成员由文化部提名。

图 5 所示为每年入选国家名录的文献数量。可以看到正常情况下每年入选数量接近于 10 件。根据规定，每年入选数量最多为 10 件。我个人不认可这项规定，我认为限制数量的做法不合理。但是当我们就该问题进行商讨时，我的观点没有被采纳。

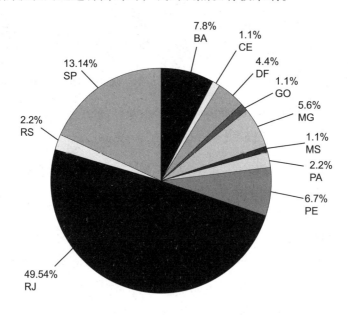

图 6 巴西各州入选文献遗产情况

从图 6 中大家可以看到收录文献在地理来源上有高频区域。如我之前所提及，文献机构集中在里约热内卢，所以来自该州的收录文献占多数。我们正在努力尽可能收录更多来自其他区域的文献。然而这项工作并不容易，国家影响是个不太明确的概念，很显然政治权力集中或者经济更发达的州必然会在国家层面拥有更大影响，所以也就更有可能保存更多与国家历史相关的文献。

我个人认为这一问题需要我们谨慎处理和关注，因为我们必须理解一点，那就是所谓国家影响（national relevance），并不是要求对整个国家都有影响的事物，一些小型社群所拥有的重要文献也可以具有国家影响，比如他们的档案记录能够反映出某些经济欠发达群体是如何保存自己的文化、价值观和遗产的。这也是一种挑战。我们需要清楚一点，无论国家影响还是国际影响都不能用受某事件、个人或者程序所影响的人口数量来衡量。我们必须要有更加开放的头脑，要明白即便受很多局限的事物也可能会很好地展现资源有限的小型社群是如何传承其文化和价值观的。我们使用的国家名录格式，与世界记忆项目国际委员会以及拉丁美洲和加勒比地区委员会的格式是一样的。

在巴西，我们也开始接收来自其他地区的提名，因为我们正在各个城市着手成立工作坊。每年巴西文化部会支持一到两名国家委员会工作人员到巴西其他地区举办工作坊、研讨会，来让更多的人知晓和参与世界记忆项目。当某个文献入选，我们还会授予提名单位标志使用权，该标志根据世界记忆项目标志改编而成，可证明某机构的文献被世界记忆项目国家委员会收录。

巴西国家委员会网站（如图 7 所示）对我们的工作至关重要。

图 7 巴西国家委员会网站截图

我们有一些出版物，网站上还可以找到工作指南和世界记忆项目的一些基本文件。我们还会刊出会议报告、各种活动报告。我们还持有巴西档案工作相关的立法文件。巴西国家委员会出版了十周年的纪念册，但是很遗憾没有在网站上公布。

我们还要监督被收录文献，但是我们不是监督机构。我们不会进行现场监督，但是每隔两年我们会给文献持有人寄出问卷，了解文献情况。问卷上有一系列问题，基于持有者的回答我们可以对文献情况有所了解。问卷上的问题包括文献的保管、处理和归档情况。然后我们要去检查各种表格是不是完备，我们会问他们保管的状况如何，保管的形式如何，有没有缩微胶片，有没有进行数字化，有没有允许公众查阅，是否申请（或者获得）了资金支持，如何使用标志等。

只是寄出问卷还不够，我们还要致电文献持有人，反复要求反馈信息。80% 的持有人会反馈数据和信息，都已在网站上公开。

我们还面临和地区委员会类似的挑战：档案材料占了主要部分；来自东南大区的材料占了主要份额；我们的资源很有限，来自文化部的资金支持只够举办两次会议和有限的几次研讨会；委员会主席和非正式秘书（我们没有正式秘书，国家档案馆外调一名工作人员到委员会担任秘书）承担大量工作；委员会委员主要来自东南大区。

我们需要对入选条件有更深的了解，尤其是文献著录。我们必须认清该事实，因为如果能够联合图书馆、档案馆和博物馆，我们的委员会将更加健全，所有的机构也会得到加强。

此外，我们还要让巴西的图书馆和博物馆界更多地了解世界记忆项目。宣传工作需要得到更多资金支持。我们觉得这一点非常重要，如果我们能够制作一些专门的书签、文件夹，然后带到文化会议、学术会议上，自然就会让更多人知道世界记忆项目。

我们还应扩大巴西各地区在国家委员会中的代表，使成员分工更为合理，促进世界记忆收录文献衍生材料的发展和使用。针对世界记忆项目还应加强专业交流，包括通过大众媒体。

最后，尽管我们已经做了很多工作，但保存世界记忆依然任重道远。谢谢大家！

作者简介

维托尔·丰塞卡，男，联合国教科文组织世界记忆项目国际咨询委员会委员。

◎专家互动

卜鉴民：澳门的杨理事长，能否简单介绍一下你们的项目？

杨开荆：谢谢卜老师，谢谢各位档案界的专家，非常高兴能够协调这次会议和各位 UNESCO 的专家过来，也谢谢国家档案局做了很多筹备工作。乔丹的发言提到了在澳门的一些工作，我们开展工作的情况，我们前两天刚刚成立了澳门世界记忆学术中心，在城市大学里面。我们正在考虑通过这个中心结合内地力量，如果内地专家需要，可以把澳门作为一个平台，我们可以邀请联合国教科文组织的世界记忆专家过来做一些培训工作，这是一个我们想拓展的工作。

另外，他也提到我们在推动学校教育方面的工作，这一工作其实是从 2015 年 12 月开始的。2015 年南京大屠杀档案列入世界记忆名录，刚好我们文献信息学会也举办了抗战胜利 70 周年的活动，当时就请了两位副主席到澳门跟我们分享一下活动情况，我借机邀请他们进入一个中学，中学里面正在推动面向国际的教育，学生也比较活跃，我们就请他们跟学生交流对话，之后还推荐了一位老师参加在德国举行的 UNESCO 负责的教育研究委员会。他们承担了一些费用，请我们的老师去培训，老师回来说收获很大。校长也很重视，在学校里积极推动，借助南京大屠杀档案列入世界记忆名录，学校马上组织学生到南京去参观纪念馆，也看了那些档案。回去以后，他们都很有感触，学生做了一些项目，除关注自己国家的项目外，也关注了其他国家列入世界记忆名录的项目，每一个班都有一些项目。他们做一些资料收集、整理，还做了一些展览。学生们开始关注这些档案文献的重要性，考虑要怎样保护它们。

这个计划推出了以后，现在还有其他学校也表示感兴趣，比如一所天主教学校利玛窦学校的校长，他们也希望参与做一些校园记忆。我是在澳门基金会研究所工作的，我们正在做一个澳门记忆的项目，把澳门历史发展过程当中一些值得记录的，包括档案、生活场景，一些大众生活的资料，把它记录下来，放在一个网站上面，就是一个电子化的过程，所以借这个机会向大家分享一下我们的经验，也向大家请教：澳门世界记忆学术中心作为世界记忆工程设立的第一个中心，它怎么样才能发挥作用。乔丹先生建议我们澳门担当"大使"的角色，我们也非常乐意，希望这个中心以后可以成为大家相互交流和学习的平台，谢谢！

附录:

MOWCAP: Making Pacific History Visible

Dianne Macaskill

Good morning. First, I'd just like to start by thanking you for your very warm welcome, I'm here, but also, by congratulating the inscription of the silk samples of modern and contemporary times to the Memory of the World Asian Pacific register. To give three hundred thousand samples of silk and have their value recognized is truly remarkable for the creative industries, for the study of the history of east-west relationships, etc.

Today, I'm going to talk about MOWCAP — the Pacific part of MOWCAP, not the Asian part. I'll tell you some background information about MOWCAP, as I'm not sure how many of you know how it operates, or what is the importance of MOWCAP and why regional committees are important to us all and to all countries. Then I'm going to talk a little bit about the Pacific Memory of the World and some of the Pacific stories that are emerging and telling us about the history of these small Pacific countries through the eyes of the Memory of the World. Then I'm going to speak a little bit about the challenges facing MOWCAP.

To introduce you to the MOWCAP organization, if you don't know a lot about it: our chair's Mr. Li Minghua; we have four vice-chairpersons who are spread around the region; our secretary general is in Hong Kong;

and our regional supervisor, Ms. Misako ITO, is in Bangkok. Ms. ITO really is our main UNESCO contact for the Asian Pacific program. We also have some special advisors, two of them based in Hong Kong, and like the international Memory of the World committee we have a register sub-committee assisting nominations and making recommendations to the full committee. Inscriptions to the register are later decided by the general meeting (all countries coming together).

What does the Asian Pacific region cover? It's one of five UNESCO regions and it's really large. It includes 43 countries and covers about half the area of the world. In terms of area, we are definitely the largest region. We have Mongolia in the north, New Zealand in the south, Turkey and Uzbekistan and more in the west, and the small Pacific countries like Kiribati and the Cook Islands in the east.

Why do we have a regional Memory of the World program when we have international programs and national programs? For our region, a number of things are really important. We want to promote the importance of the region's documentary heritage and many of the experiences and stories in the region are interconnected. We also want to promote resource sharing and run workshops over the region to assist countries in the Pacific and in Asia to develop nominations for MOWCAP and international registers. What's really important about registers for all countries both in Asia and the Pacific is that politicians take note of the inscriptions and mobilize political support, which, sometimes, results in getting financial resources for the region's documentary heritage. In some of our small Pacific countries, there are important stories that need to be taken care of and protected because it is important documentary heritage, but they don't, for example, have the necessary facilities. We want to encourage cross-country linkages in the region and establish Memory of the World programs. At the last count, our region had 43 countries, although it can be hard to keep account of the countries that have national committees. 20 of the 43 countries in the region have national committees.

Just to put in perspective some of the size of the countries that we are interested in, in our region, the "Asian part" contains three of the four largest countries in the world by population. The other third largest is the United States of America. China and India have populations surpassing 1 billion people; but, in our area of Pacific, Australia is the largest country with over 24 million people; there are also countries like Tuvalu, with 11,000 people, and Niuē, with 1,600 people, that are indeed small. As I said earlier, we've had many experiences over the years that we want to make known in order to protect the related documents. One of the issues in the Pacific is the generally very hot and humid climate, which is not good for storing paper unless you should've got special storage conditions.

So what are we working to do? We are working very hard to encourage and obtain more inscriptions on the register from the Pacific countries. Of the 46 inscriptions we have on our MOWCAP register, 9 are from the Pacific area; and 3 of those are from Australia and 2 from New Zealand, the 2 biggest countries in the area. On the international register, which has 301 inscriptions, we have 10 from that Pacific area and, again, only 2 of those come from smaller Pacific countries: Fiji and Vanuatu.

Why are these Pacific stories important to the world? Why do we want to save and protect the documentary heritage that is available? One of the issues with Pacific history is that, until Europeans came, history in the Pacific countries was oral, not written, so there aren't the very old documents that you would find in China for example, or in a number of other Asian countries and Europe. The stories that are in the Pacific are those of colonization, stories about a number of countries who colonized the Pacific countries: stories of bringing labor from other countries and the impact of war, which was very significant in the Pacific, particularly the impact of the Second World War, and stories of migration; but also very positive stories, stories of independence and survival of culture.

Not long ago, we had a very successful workshop in Suva in Fiji. We are hoping we might get maybe up to five new nominations from Pacific countries for the next MOWCAP round, so there is a lot of enthusiasm to make visible the documentary heritage that is available and understand more about the interconnections of countries and their histories.

I have a couple of examples I want to talk about to try and make some of these interconnections between these Pacific stories and tell why they are important and real. In the Pacific, in the late 1800s, a lot of young men were simply taken to work in the sugar fields in Fiji, Australia, and some other countries, often without their permission, from places like Vanuatu and the Solomon Islands. Most of them never really got back home. They were taken to Queensland in Australia for example. The colonization immigrant records of Fiji and those from Queensland in Australia have now been inscribed on the MOWCAP register. There was great excitement particularly in Fiji I think when that happened. The staff of the National Archives of Fiji travelling around Fiji with copies of some of those documents to link up the descendants still living in Fiji of the people who were taken over a hundred years ago. You can see there was much interest in that, meaning that the inscription had quite an impact.

Another example here, which is inscribed on MOWCAP, are the archives of the German-Samoa colonial administration that finished in

1914 at the beginning of the First World War, which provides a unique picture of German colonization in the Pacific and its impact on the lives of the people, one very similar to the impact of the British colonization, the French colonization, the United States colonization and the Portuguese colonization, in some cases. What followed colonization was often missionaries who came and attempted to change the nature of society in these countries, so as to make them more European. Another interesting thing about documentary heritage is that people in Samoa now speak Samoan and English; most people are bilingual. However a lot of the history is written in German, a language that many of the people no longer speak. I understand it was also written in a kind of non-official German that even today's current native German speakers find hard to understand.

The last example I will give is, I think, a very special one: the Cook Islands, a country of about 12,000 people. It has a very fragile and rare document hanging in one of the museums: an agreement between Great Britain and the Cook Islands that Great Britain would protect the Cook Islands. At that time there was a lot of French interest in the Pacific. Many colonization stories came about because one country was trying to stop another country from gaining any influence. That document made the Cook Islands a protectorate of Great Britain and in fact, today, the Cook Islands still runs a Westminster British-style government system.

Around the Pacific there are a number of activities that we are undertaking to make the history of the Pacific and those interconnections visible. There's the MOWCAP register, which has certainly been very successful in highlighting the importance of that history, but there are also workshops and seminars and coffee table books. We also have a MOWCAP website that, of course, covers Asia and Pacific. We have regular newsletters and workshops on the implementation of the recommendation that Lothar Jordan talked about are currently happening all around the region. We are also very keen to get access to Pacific archives because most small countries don't actually have catalogs on the Internet, making it difficult to find documentary heritage. Some of the challenges are: getting funding for projects; the cost of bringing people to workshops, because the distances you have to travel are large; the establishment of national committees; making the archives accessible and visible on the Internet; and also, preservation. One of the things I would encourage you to do is to take an interest in the MOWCAP website, which, unfortunately, right now, is not accessible (we are changing providers), but it will be soon. We put all the MOWCAP news on that website, and this conference will also be written up and photographs put on the website.

Lastly, I thought some of these people were actually going to be at this meeting when I wrote this, but we have people who were working on preservation in Fiji just a few months ago and had quite a bit of fun. They are Jan Bos, who's on the register's sub-committee; Alexander Cummings, who has been involved with the program over a long time; and Roslyn Russell, who would've liked to be here, today, I know, but couldn't be, who is on the steering committee I'd talked about: the steering committee for education research.

OK, thank you very much.

Education and Research for Memory of the World and the Documentary Heritage: Memory Institutions, the Academic World, Schools

Lothar Jordan

Morning, ladies and gentlemen, thank you again for the invitation to Suzhou. I'm really looking forward to this conference. I'm not an archivist. I have to apologize for that; but we all want to cooperate on the Memory of the World programme with all memory institutions, so it's an invitation to the archivists in this room from China and from everywhere and to the other experts to cooperate with us on education research.

One frame on my presentation is about the recommendation concerning the preservation of and access to documentary heritage (including in digital form), which was approved by the general conference of UNESCO last year, which is very close to the Memory of the World programme. This gets us a frame of recommendation. It's an instrument of international law, not as strong as a convention but stronger than a declaration, and it is good for the Memory of the World programme.

Now let us look at just one short paragraph to show its relation with what I'm going to be talking about this morning. Member–states of UNESCO are asked to encourage the development of new forms and tools of education and research on documentary heritage and their presence in the public domain. That's what I want to invite you to think about together with me and our other colleagues: the development of new forms and tools of education and research for the Memory of the World programme.

Just three years ago UNESCO created a new sub-committee on education and research, towards which were involved the director general and the executive board of OIEC, because all thought that, after the strong growing of the registers and of the regional committees, we needed a new field like education and research to work on documentary heritage. First, the mission of our sub-committee is to work out strategies and concepts for institutionalizing education and research on the Memory of the World, its registers and the world documentary heritage in a sustainable manner, as well as in all forms of institutions of higher learning as well as in schools. Second, the sub-committee also endeavors to help developing innovative curricula and research on the Memory of the World and on documents, especially in an interdisciplinary and international manner, and in relation with the Internet.

Our sub-committee has only 5 members. Of course with 5 members in a small committee you cannot cover all fields of knowledge, be it archives or themes of the university world. We immediately created a network, which is an official network. It is visible on the website of UNESCO. It is a network of cooperating institutions and corresponding members. Such institutions can be archives. On the level of national archives, we have official partners: the National Archives of Georgia, the National Archives of Japan and the National Archives of Korea just agreed last week to cooperate with us formally. Of course China is invited to be a partner. That's not only true for the national archives but other archives in China as well. We could talk about it either after the presentation, on the coffee break or whenever you want. Please help us to find you partners.

That goes as well for corresponding members that are individuals, archivists, department heads, librarians, university professors. All those with a good gift; maybe not PhD students, but those with levels a little bit higher. There's no hierarchy between institutions and members, but it makes more sense in a list to put institutions on one side and individuals on the other. Some corresponding members are here, like my colleague Professor Papa Momar DIOP. He is the vice chairman of the International Advisory Committee and he is a professor on archival studies, so he is a corresponding member of the sub-committee as well. Some of these are examples. You may think about yourself and whether you or an institution may fit into this scheme. One other example is the International Comparative Literature Association, which has been a partner for two months. So far, and in the future, the Memory of the World programme has been and will be very strongly based on archives, libraries and associations like ICA (International Council on Archives), or IFLA for libraries. These will be basic for the future, but we need new partners in other fields like, perhaps, history, university history, and all these professors or lecturers which work on documents could be good partners too. A short example: these associations are now preparing a big standard work that they call a comparative history of East Asian literature, which will be five or six volumes printed. We are committed proposers that preps on the CD which will be attached to the books include some very important documents from East Asia, like manuscripts of writers, images or paintings of writers, or even, in the case of modern literature, interviews, film interviews or audio interviews with writers. There is great potential for cooperation.

One other partner is from Germany: it's the Research Center for Knowledge Media. It is working on its touch table. The document is virtual. You'll make a lot of things with them [the documents] . If you insert [the documents] on a smart phone, you can enlarge them to an enormous quality to see the smallest details on the document. If you turn it around, you can just, with the touch of your hand on the glass, see the explanation of commentaries on the backside of the document. This has already been developed. These are just images but if you manage to do this for research or for education, to put the documents, enlarge them, have commentaries on the backside...For example, if you have sheet music that has not yet been studied, you could touch the glass and you would hear the music immediately. This is completely other aspect of how institutions can help the Memory of the World programme.

We have a new group of partners: cooperating schools. This started only last year. We have just come from Macao. We have visited the first official partner school of the Memory of the World programme. Doctor Yang, who helped so kindly to find us a school, could tell you more about it. Such cooperating schools would be welcomed from Mainland China as well. It would mean that teachers in at least one class would try to implement work on documentary heritage into school teaching. That could be in the classroom like it was in Macao, but it could be achieved through special cooperation with archives. A school class or two could go to the archives and learn something about documentary heritage and about the history of silk, politics, technical inventions, etc. Thus I have another request: please help me find schools in Mainland China (perhaps not thousands of at the beginning, but some few would suffice) that would be ready to cooperate. We are developing the Memory of the World School Kit, a book that gives schools practical examples of how documentary heritage and the registers can be used in school teaching all over the world. This is completely new, but new things are we need help for development.

Another of our special items is the idea of creating Memory of the World Knowledge Centers. Imagine little archives, specialized archives or libraries, which have concentrated their work on the Memory of the World programme and documentary heritage, collected all the material, let's say, for a nation or a country, all the basic information on the registered items, as well as on other memories that are important as well. There must be experts to guide people in how to use such a center, for example, PhD and master students that want to work on these documents. Although it's only been a very short time, on November 21st, our colleagues in Macao opened the Memory of the World Knowledge Center in Macao. This is completely new, and it's one reason why my colleagues from the ICA and other sub-committees technology are here today. They have been in Macao. Next one [Knowledge Center] may be [established] in Korea in Anton, as Anton keeps an item of the international register with other conventional woodblocks. We signed a Memorandum of Understanding for the future creation of a Korean Memory of the World Knowledge Center. That could be the second [Knowledge Center] but I heard from my colleagues in Senegal that Senegal is interested as well [in the establishment of a Knowledge Center] . Of course, besides the Macao Center, Mainland China would also big enough to establish a second Center, perhaps a Chinese Memory of the World Knowledge Center. Now what they [the Knowledge Centers] join are both the functions of a real physical center and a virtual archive. They should support the UNESCO's Memory of the World programme by collecting such materials as I talked about and especially that of their country of origin.

We should look for synergies with the other World Cultural and Natural Heritage and Intangible Heritage programmes. Many archives have documents on world cultural heritage that provide a good basis for understanding. The city of Warsaw in Poland was destroyed by German troops nearly completely, but it could be rebuilt, only because Polish colleagues were able to safeguard the relevant documents on the city. They needed the old documents for rebuilding Warsaw. You see immediately how great the importance of the documents is for world cultural heritage sides. This is maybe true in Syria today: for example, Palmyra is being destroyed by Islamic terrorists, but there are very good documents from the eighteenth century, wonderful drawings and modern photos, and if these sites are to be reconstructed, you will need the documents. It would not be possible otherwise, so, again, the documents could play a big role for the cultural heritage programme and for intangible [heritage] as well.

Let me take into account one further aspect. What does access mean? Let me just go to the item No. 2: access: first, the right to get insight into the holdings of public archives, libraries and museums; and second, the possibility to use documents via technical devices, mainly via Internet. We see that documents are both carrier and content, and the access to a document is access to carrier and to content, not only to the carrier. Let me take a German document for example — you might think it's not fair, since we are here in China, even my colleagues from the ICA (which speak European languages) could say it's not fair, but believe me, even for a German reader, it's nearly impossible to read this. It's a sheet of paper, 25×20 cm in dimension, not very big. It has different drafts on one page. This is nearly unreadable. When you find something like this in an archive, you cannot always tell what date it is from. Sometimes no precise date is given. It's always interesting for a library to know which year it was created in, but it is not always possible. This is just a part of the former page. You can see this part is really extremely difficult to read. It was from my PhD dissertation. It took me years [to decipher], not this one page but all the material. It's from the nineteenth century. It includes information of importance on the national level. You can see some of the information [I deciphered] . It was difficult to [assess] the dates of the documents to between 1825 and 1833, but it would not be possible for a librarian or an archivist to be any more precise. This is only useful for special research. If you put something like this online, it is of no use. This is how I feel, it wouldn't make any sense.

At this time in Europe everything is being put online to complete this big project, Europeana. Everyone is trying to put all items related to the European cultural heritage online before the 2025 deadline, but if you put things like this online, it is of no use. We must come to better forms for putting things online in the case of documentary heritage. For example, in a big project like Europeana, you need more explanation, otherwise no one in the world can read this [the German document] . Access to documents does not only mean presenting texts, images, maps and so on via the Internet, but also mediating them from an international perspective. If they have only local importance, it's a different thing; but if they, like the items of the international register or the regional registers, definitely have international importance, then we cannot leave readers, the users of the world, alone with images. Imagine a medieval map from Persia that you just put online: what does it mean to users outside of Iran?

If we want to improve the online presentations of documents, I would say that, in the next fifty years or so, we must build bridges between the archives and libraries and the academic world because a lot of this information will be provided by MPC professors from universities as well as by historians and other experts. We need to build bridges between Memory institutions and the academic world when it comes to digital humanities. One possibility is to introduce a Memory of the World Studies [major in universities], which may be interdisciplinary and internationally-oriented research and teaching on documents, driven by information and communication technologies that would create virtual research and teaching environments and could be used by different disciplines. I imagine that not as a stand-alone discipline at the beginning but perhaps as a second subject besides old-fashioned archival studies, history, philosophy, museology, or even engineering. It would be helpful. All these different disciplines cooperate most closely. Step by step, we could establish something like Memory of the World Studies. It's the idea. I think in Macau they have already started and in Germany we are trying to prepare a curriculum which implements more and more work on documents into other studies; it would work in history for example.

Let me come back to the schools I mentioned at the beginning. We are working on the creation of a Memory of the World School Kit for schools in Macau, Germany, Brazil and Abu Dhabi. This little electronic book would contain modules for schools and have proposals for complementary topics and activities within the existing curricula. We look for best-practice examples that could be implemented into the school kit, for example how to bring school students to archives (that will happen here in China, I am quite convinced of it); or they go to a library and learn something, (that's already happened, It's nothing new);but we need information about this, so we can show that to other people in the world. Many archives and libraries, museums have very good education programmes, but we, in this group, want to make it specific to documentary heritage.

Again please help us to find schools or archives interested in these matters. We could propose activities for Memory Days, national holidays, theme weeks and other school activities. That could be different from country to country, of course. My main request remains: please help us to find new partners in tackling these issues related to education and research for the Memory of the World programme. There are so many experts here; I'm sure some of you will be of great help to us.

Thank you so much.

UNESCO Memory of the World Programme SCoT—Sub-Committee on Technology

Jonas Palm

Just a few years after the MOW program started in 1992, there was a need for a technical sub-committee of some sort. The first nucleus of what later became the Sub-Committee on Technology (SCoT) was established in Pultusk, Poland. The first thing it became involved in was digitalization projects in the Czech Republic, and from that work evolved the Sub-Committee on Technology.

The function of the committee is to be a reference group on preservation and access issues, while also supporting workshops or running them on its own and producing guidelines for preservation and access. If you go to the webpage of the Memory of the World Programme, you will find the Sub-Committee on Technology with an introduction of its members as well as a description of its activities.

The Technical Sub-committee comprises a chair appointed by the MOW IAC or Bureau; its members are chosen for their special expertise. There was a problem in the beginning regarding finding members representing UNESCO's regions for the committee, because a lot of expertise is mainly found around central Europe and North America. We have tried hard to change this and now we have a fair representation of all regions. Present members are Kevin Bradley, Australia; Lai Tee Phang, Singapore; George Boston, England; Fernando Osorio, Mexico; Dietrich Schüller from Austria; and myself, Jonas Palm (chair), from Sweden.

We have through the years produced a handful of documents on preservation as well as basic guidelines for digitalization. These guidelines are written as the basic for their topic. Any interested party can apply and modify them to comply with their own local environments and pre-conditions.

We have also produced a lot of presentations during the years, mostly presented at committee meetings within UNESCO. They are, among other things, about the cost of preserving electronic records and digitalization as a perseveration strategy. Last time SCoT ran a workshop was in Seoul, Korea, at the ICA meeting last autumn, and it was about audio-visual records and their preservation and use.

We are also involved in the UNSECO IFAP Information For All Programmes Internet.The sub-committee have the application for being an open source application in this field. We are also involved in the UNSECO IFAP (Information For All Programmes), which tries to promote international reflection and debate on the ethical, legal and societal challenges of the information society, to create equitable societies through better access to information, as well as to narrow the gap between the information-rich and information-poor.

The most important issue at the moment in the field of preservation is securing analog audio-visual materials as soon as possible — we're talking about 5-15 years, depending on media. The acute problem is the fast disappearance of replay equipment and spare parts. Thus SCoT has been advocating the cooperation of the Magnetic Tape Alert Project with IASA (International Association of Sound and Audiovisual Archives). One example of what has been done is that IASA actually bought the last batch of tape heads from a Swiss company that produced a typical and widely-used tape recorder tape in studios all over the world, because that kind of things are disappearing.

Another project, which SCoT is involved in, is the UNESCO MOW Project PERSIST, which is about methods to preserve information on software in a way that we can emulate with programs in the future. It's not just a question of preserving information, which is in comparison relatively simple; it is more importantly about enabling us to recreate the full experience of a game or an office application, etc.

Preservation activities and measures may be difficult to implement in different regions of the world. Different cultures have different viewpoints on how to preserve things. Some cultures have been focusing on physical preservation and others on the abstract, mental or spiritual preservation of knowledge. Cave paintings or rock carvings and pyramids were made for permanence and have been around for thousands of years. On the other hand, we have paintings in eastern Asia being copied over and over; the original is not as important as the message of the painting. Buddhist monks make sand paintings based on transfer of tradition, and after working for weeks on a painting, when it's finished, it is scrapped and the sand is thrown into a stream to spread its energy to the world.

Hence, sometimes, we have to deal with this paradox, that we have old information of which we don't know the inner meaning, like cave paintings or rock carvings; yet Buddhist monks know the inner meaning of — as well as how to make — sand paintings without preserving them.

A problem with modern preservation ideas is that they may collide with tradition. Thus it is important to evaluate and analyse problems and solutions. There is no point in preservation if it disturbs or shatters present activities connected with traditions.

The new challenge that we are dealing with now is digital information. For the first time, information is not put on a media to be preserved. The information is in an indirect format to be used and re-used and to be worked on and easily accessed. To preserve digital information, it has to be transferred from old media to new media, from old software to new software, so that it can survive almost like in the tradition of the Buddhist monks relaying information about sand paintings.

We would like to keep everything forever, although nothing remains forever; still we think we have to do it. Most of the things we live with and keep in homes, museums, archives and libraries we can survive without, but humanity's well-being is very dependent on traditions and culture. In this flow or mass of information, we have some things which are extremely important to keep. Apart from all the records making up the basis for countries and global co-existence, we must preserve information about nuclear waste and its positions, and we have to have strategies on how to preserve that information 100,000 years into the future. We have to do our utmost to succeed in informing future generations about the importance of keep such information usable.

This is not the end, but this is the end of my speech. Thank you.

The Expansion of the Memory of the World Programme in Africa

Papa Momar Diop

Thank you!

I am going to tell you about the expansion of the Memory of the World Programme in Africa.

We can evaluate the expansion in Africa of the MOW Programme by analysing, on the one hand, the number and the dynamism of African national and regional committees, and on the other hand, the continent's number of documentary heritage inscribed to the International Register and Jikji Prize awardees. The Jikji Prize is the prize created by the Republic of Korea to encourage and reward people and institutions who innovate in the management of documentary heritage.

1. African National Committees

The count of the national committees by UNESCO regions, done by the MoW Programme Secretariat, gives a list of 10 committees for the UNESCO Group I (Canada, USA and Western Europe), 13 for the Group II (Central and Eastern Europe), 18 for the Group III (Latin America and Caribbean), 12 for the Group IV (Asia and Pacific), 9 for the Group V–A (sub–Saharan Africa), and 5 for the Group V–B (Arabic countries). The considered group in my speech is the Group V–A (or sub–Saharan Africa) of 49 countries.

In view of the ratio of group size to number of national committees (9 to 49), we note that sub-Saharan Africa national committee coverage is very weak. Besides, African national committees are also not as active as we might wish. Perhaps the lack of resources is a reason why. For their part, the national committees of Namibia and Senegal have organised African MOW meetings.

The first one, held in Windhoek (Namibia) on 18-20 November 2008, brought together the members of the ARCMOW.

The second was a workshop organised in Dakar, Senegal, on 4-5 April 2011 in the topic: "The Preservation of the West African Documentary Heritage: Challenges and Perspectives".

2. African Regional Committee

During the eighth IAC in Pretoria, Republic of South Africa, on June 11-15, 2007, African participants held a general assembly where they adopted the Tshwane Declaration. This Declaration gave birth to the African Regional Committee Memory of the World (ARCMOW).

The Republic of South Africa organised the ARCMOW meeting on January 2008, after the Tshwane Declaration was adopted. This meeting set the following objectives for ARCMOW:

· Carrying out awareness-raising activities upon MOW Programme and documentary heritage;

· Encouraging the creation of MOW national committees everywhere in Africa;

· Creating dynamic synergy between African national committees;

· Promoting and facilitating the MOW Programme in Africa;

· Representing Africa at the international level;

· Setting up a regional MOW register and laying down the criteria of inscription;

- Bringing support the African nominations to the international Register and the Jikji Prize;

- ...

To reach these goals, the meeting involved the ARCMOW Chair, Madame Mandy Gilder from South Africa, to carry out awareness-raising activities for the MOW Programme in African English-speaking countries, and the vice-chair, myself, Papa Momar DIOP from Senegal, to do the same in French-speaking states.

But the brand new Regional Committee has no financial resources. Mme. Gilder and I had no other means but our professional travels and Internet campaigns to succeed in this mission.

On my side, I went to Bamako, Mali, and had a meeting with the Malian heritage documentary stakeholders on the matter of creating a national committee in the country.

So far, only Namibia and Mali have created their national committee.

3. African Inscriptions to the International Register and Awards to Jikji Prize

With regard to the documentary heritage inscribed to the international Register, among 344 items, Africa has only 18, allocated as follows:

- South Africa: 5
- Angola: 1
- Benin: 1
- Ethiopia: 1
- Ghana: 1
- Madagascar: 1
- Mauritius: 1

- Namibia: 1
- Senegal: 3
- United Republic of Tanzania: 2
- Zimbabwe: 1

In this point also, Africa continues to lag behind.

For the Jikji Prize, there is no African awardee to date. In regard of the symbolism of the Prize, does this situation mean a lack of dynamism of African documentary heritage institutions and actors?

To conclude to boost the Memory of the World Programme in the continent, Africa is to develop population and learn from the very active regions of MOWCAP and MOWLAC. Right now, regarding MOWCAP countries and considering my capacity as vice president of ARCMOW, I am wondering in what way Africa can cooperate with MOWCAP. Thank you for the attention.

MOWLAC and MOWBrazil: Evolution and Challenges

Vitor Fonseca

Thank you.

I would like to thank the hosts for this fantastic occasion to be together with colleagues from China. I am from Brazil. We have very historical connections with Macau and China as a whole, and it's very interesting to be here. I hope my English will not create too many problems for the translators; it's not my mother tongue. My idea here is to offer some reflections about MOWLAC and the national MOW committee in Brazil, as well as about their evolutions and challenges.

In fact after this quick overview of MOWLAC and MOW Brazil, if you have any questions, any comments, it will be a pleasure for me to discuss these issues with you.

MOWLAC is the Memory of the World Regional Committee for Latin America and the Caribbean. The first thing that I want you know is that the region encompasses a lot of countries.

There are at least two big cultural areas: the Latin area and the Anglo-Saxon area. [These areas include] many languages: Dutch, English, Spanish, French — only Brazil speaks Portuguese. These countries have different histories, different colonial systems and different independent periods. The countries have also different populations and areas.

MOWLAC was created in 2000 in Mexico, involving representatives from Brazil, Chile, Ecuador, Jamaica, Mexico, Nicaragua, Peru, Trinidad & Tobago and a secretary from UNESCO. From then on until now, we have already had 17 meetings. MOWLAC has meetings every year, and so it nominates also every year. The region has 19 national committees, but in fact, this is the number of the national committees that formally exists. A lot of them are very active, but, really, there are also others that are not active now. The president of each national committee has a very big influence over the activities of his committee. If the committee has an active president, the committee will most likely be very active; but if this president leaves, the work will most likely not continue at the same speed. It's not normal to have a sequence of several good presidents. Unfortunately, it is not so common.

The regional committee has nine members. This is a problem, because we have much more than nine countries. In fact, although there is representation for each sub-region, only two countries are always represented: Mexico and Brazil.

The secretary is always someone related to UNESCO. Nowadays, Guilherme Canela Godoy is responsible for this job. He works at the Regional UNESCO Office in Uruguay. MOWLAC also has three advisors. They participate in the discussions, but they don't have the right to vote. They are: Elizabeth Watson, from Barbados; Rosa Maria Fernandez de Zamora, from Mexico; and Lourdes Blanco, from Venezuela. Their terms are of four years. We don't change the entire regional committee; we only change it partially, so that five people remain and four are replaced. At another moment, those five will leave and five new people will be accepted. This is good, because it has given some continuity to the work and allowed us to avoid gaps due to lack of knowledge about the work. We can keep the experience of older members and blend it with the audacity of new ones.

Available on the MOWLAC site, everyone can find our rules and procedures in English and Spanish, and also the proceedings of all the meetings. There are other official MOW documents, books on preservation and on digital documents, and official books from the national committees. Those publications are generally in the PDF format. Some of them are just in one language. The website does not include all the publications made by national committees — we need to know that something was done first, and we also need to obtain the right to put it up on the regional website.

This graph shows the situation of the regional register in terms of number of registrations by year.

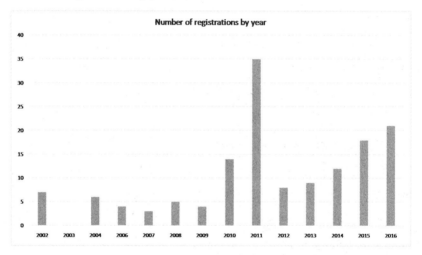

We have had a very big quantity [of registrations] in 2011, because at that moment we decided that all the documents registered at the international level should also be registered at the regional level. However you can see that the number is always going up. This year we have received a little more than 20 [registrations] .

Unfortunately, the registrations are not divided equally between the countries.

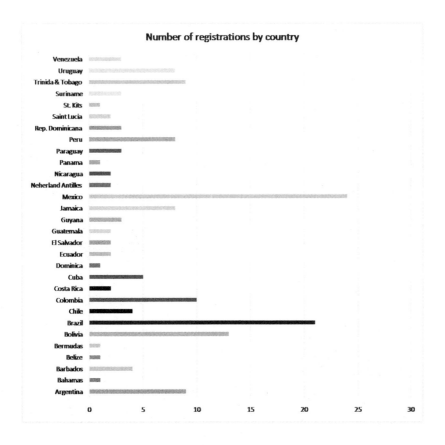

Mexico and Brazil are the countries that have the most registrations, whereas other countries don't have so many. There are also a lot of countries that don't have any document in the Regional Register.

About those numbers: it is important to take into account that documents registered at the international level are also registered at the regional level. Statistics don't include documents held outside of Latin America and the Caribbean. One registered document counts for all the countries that have participated in the nomination — so some countries have documents registered because they have done a joint nomination.

Almost all documents registered are archives. It's something very interesting. Although MOW is related to both archival and bibliographic material, in fact, we observe a predominance of archival material.

MOWLAC has this website.

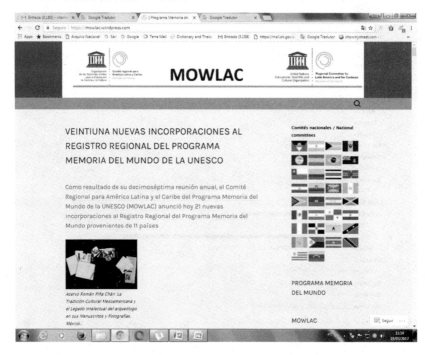

It has been very important for communication as well as for stimulating the exchange of information on MOWLAC.

What are the main challenges of the regional committee?

One problem is our dependence on UNESCO. We don't have any other international support, only that from UNESCO. Obviously, we have very limited financial resources. In fact, UNESCO supports our meetings once a year, with the help of the host country — UNESCO pays for air tickets and the host country pays hotels and meals. This is the importance of having a host.

There is little representation of Latin American and Caribbean countries — only Brazil and Mexico are always represented. In fact, if we have nine members, one secretary and three advisors, in total, there are thirteen people. All meetings require expenses. In order not to require having more people, and thus require more resources still, we have decided that the whole area would be divided in sub-regions and members should come from those sub-regions. For instance: Ecuador, Peru and Bolivia constitute a sub-region; we will have a single member for these three countries. If during this period, we have a Bolivian member, he/she will next be replaced by someone from Peru, and that new member will then be replaced by someone from Ecuador.

Contact with national committees is difficult; only a handful are really active, which is often linked with the proactivity of their presidents, as already said.

It is hard to keep the site updated. It is difficult to get news and they always must be published in Spanish and English. To have everything in two languages requires a lot of efforts.

Another issue is related to the registered documents, mainly archival ones – there is no monitoring. The documents are registered, but MOWLAC doesn't have the means to monitor how they are being used, how they are being preserved. In fact, the work is predominantly carried out by the president and the member responsible for the website.

The Brazilian National Committee

Brazil is a big country and because of historical reasons, there is a concentration of heritage institutions in the southeast region (including the states of Espírito Santo, Rio de Janeiro, Minas Gerais, and São Paulo).

As for MOWLAC, to have a meeting in Brazil is very expensive.

Sometimes, it would be easier and cheaper to travel to another country than to bring someone, for instance, from Amazonas to a meeting in Rio Grande do Sul. It would be much more expensive than sending someone from Amazonas to Miami. It creates a lot of problems.

The Brazilian National Committee was created in 2004. It's subordinated to the Ministry of Culture [Ministério da Cultura] . The national register was created in 2007.

We have 19 members. You know that national committees are freer in terms of their own composition. We have formal representation of heritage institutions. The National Archives [Arquivo Nacional], the Foreign Affairs Ministry [Ministério das Relações Exteriores] (which, in Brazil, holds the place of the UNESCO national commission), the National Council on Archives [Conselho Nacional de Arquivos], the Brazilian Institute for Museums [Instituto Brasileiro de Museus], the National Library [Fundação Biblioteca Nacional], the Institute for the National Artistic and Historical Heritage [Insituto do Patrimônio Histórico e Artístico Nacional], and the Ministry of Culture [Ministério da Cultura] are always represented, and our members are designated by those institutions. There are also representatives of cultural sectors, such as audiovisual archives, ecclesiastic archives, military archives, municipal archives, state archives, private archives, and research societies. The southeast region is dominant, but we try to include, at least, one member of each region — someone from the north region, from the south region, from the central−west region and from the northeast region. There is a large predominance of archival institutions and of people related to archives in the Committee. We try to balance their number with that of people related to the librarian world, but, in fact, archives predominate. Members are nominated by the Minister of Culture.

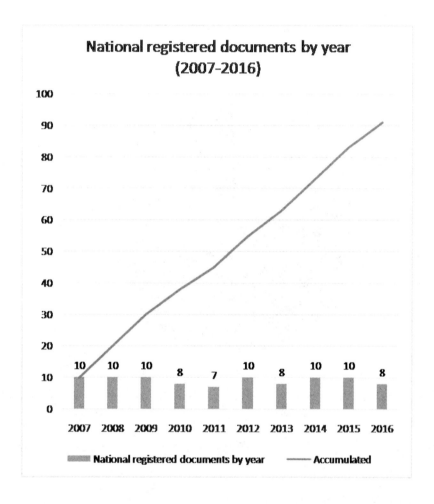

This graph indicates the number of nationally registered documents by year. You can see that, normally, the number reaches nearly ten documents yearly. By our rules, the maximum is ten nominations by year. Personally, I am against that, because I think that it's a problem to have a limitation; but when we had the discussion, my point of view lost.

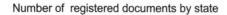

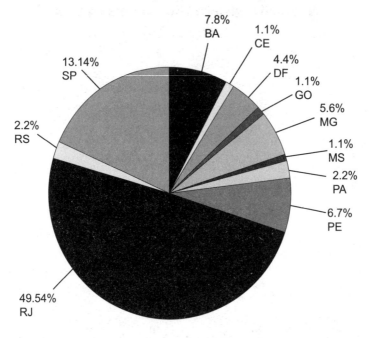

Number of registered documents by state

In this other graph, you can see that there is a geographic concentration of registered documents. As I told you, there is a concentration of heritage institutions in Rio de Janeiro; that means that the biggest part of registered documents come from that state. We are doing a lot of efforts also to include nominations from other regions. It's not easy, because the idea of national relevance is not a clear concept and, obviously, states where political power was/is located and those that were/are richer will have had more influence on the country and, potentially, will have kept more relevant documents related to national history.

Personally, I think that we need to be very careful with this issue, because we must understand that national relevance is not only something that has influenced all the country; maybe very small communities have very important documents of national relevance — for instance, their records can show how not-so-rich communities have kept their culture, their values, their heritage. This is a challenge, because we have to think that national or international relevance cannot be measured by the number of people affected by an event, a person or a process. We have to be more open in thinking that something more restricted, maybe, is a good example about the way that a small community with little resources has preserved its culture and values. The national register form is the same used by MOW international and MOWLAC.

In Brazil, we have got to receive more nominations from other regions because we are setting up workshops in different cities. Each year, the Ministry of Culture [Ministério da Cultura] supports one or two persons from the national committee and sends them to other parts of Brazil to do a workshop, to introduce MOW, and to invite people to send in their nominations. When a document is registered, we also give the institution a special logo adapted from the international one. It is used to indicate the fact that this specific institution has documents that are part of the national Memory of the World.

The website of the Brazilian Memory of the World National Committee has been very important for us.

We have some publications. Guidelines and basic MOW documents are there on the site. We also present the reports of the meetings and reports of all activities. We have the Brazilian archival legislation. The Brazilian National Committee has published a commemorative book for its 10th anniversary, but, unfortunately, it is not available on the site.

We have to monitor registered documents, but we are not a monitoring institution. We don't go to these places, but we send, each two years, a form to the holders of the nominated documents, asking for some information. Based on the answers that we receive we can have an idea of what is happening with those documents. We have questions about preservation status, arrangement and description. We can know, if the documents were nominated when they were not completely arranged or described, if this has changed, and ask if there are microfilming and digitization projects, if they [the documents] are accessible to everyone, if the holders asked for (and if they got) financial support, and how they use the logo. Those are the main issues that we ask information about.

We send the forms, but it is not enough. We have to call the holders by phone and to insist a lot in order to get responses. We have obtained data from about 80% of all the holders. The results are available on the site.

We have challenges very similar to those of the Regional Committee: there is the dominance of archival material; the biggest proportion of holders comes from a single region, the southeast; we have limited resources, and financial support from the Ministry is only enough for two meetings and very few workshops; the president and the informal secretary (we don't have a formal Secretary, but the National Archives [Arquivo Nacional] provides someone of its staff for working as secretary) assume an excessive quantity of work; and members are mainly from the southeast region.

We need to promote a better understanding of the criteria for registering, particularly those for bibliographical documents. I think that we must insist on that, because if we get libraries, archives and museums working together, the Committee will be stronger and, in fact, all institutions will be strengthened too.

It is also important to enhance publicity in order to make MOW better known by libraries and museums. We should allocate more financial resources for publicity. This is very important. I think that if we had bookmarks or some folders, we could take this material to cultural and academic meetings and to introduce MOW more easily to a wider audience.

We need to expand the geographic representation of members, to improve the division of work amongst members, and to promote the development and use of didactic materials using documents registered in MOW. It is important to strengthen professional communication on the MOW program, including that via mass media.

As you may conclude, though we have done a lot, we still have many things to do in order to preserve the Memory of the World.

Thank you all!

后 记

在本书编撰期间，我们收到了从文化之城——巴黎传来的喜讯："近现代中国苏州丝绸档案"成功入选世界记忆名录。

这无疑是令我们振奋的好消息。因为此次申报的成功不仅仅是我们保护、传承丝绸档案所取得的阶段性成果，更是我们在世界记忆工程与地方档案事业发展研究上所取得的突破性进展。我们的研究不再只是诉诸一纸空文，而是让世界看到了我们的探索与成功。

丝绸作为东西方文化交流的重要媒介，连接了古今中外，也正是这些珍贵档案的特殊价值使其在历史变革中流传至今。展开一卷卷丝绸档案，不同历史时段人们的审美风尚、衣冠体制展现在我们眼前，那些似乎已经离我们远去却又深植于骨血中的记忆再次变得鲜活生动起来。这些近百年来苏州丝绸产业工艺技术和发展历史的珍贵记录，这些人们生活最真实的写照，无论价值几何，都不应在历史的长河中消逝。

时代赋予了我们保护、传承、利用这批丝绸档案的使命。然而，这是一条尚未有人踏足的路途，道阻且艰。我们也正是借着世界记忆项目与地方档案事业发展主题研讨会召开的契机，向各方专家学习，借鉴宝贵经验，再运用到实践中去，最终取得了这样的好成绩。因此，我们也愿意将自己在此路上的探索研究传递给每一位对此感兴趣的人士，希望大家都加入到世界记忆项目中来。

　　值得一提的是，本书编印以来，我们得到了国家档案局和与会专家的大力支持。尤其要感谢乔纳斯·帕姆和维托尔·丰塞卡两位专家对各自英文文字稿的润色，使其更为书面化，便于读者阅读理解。戴安·麦卡斯基尔和洛塔尔·乔丹两位专家则授权我们对其文字稿作出更适合印刷出版的修改。遗憾的是，由于帕帕·摩玛·迪奥普先生一直致力于世界记忆项目的宣传推广工作，辗转在各国间，我们未能与他取得联系，只能按照我们的理解对其发言进行润色了。

　　总之，这本书得到了多方支持，才能顺利完成付印，在此致以我们最诚挚的谢意。也感谢一直以来喜爱、关注和支持档案事业的诸位。

　　未来，我们将一如既往，且一往无前。

苏州市工商档案管理中心

2018 年 5 月

责任编辑:贺　畅

文字编辑:卓　然

图书在版编目(CIP)数据

世界记忆工程与地方档案事业发展研究/卜鉴民 主编. —北京:
　人民出版社,2018.10
　ISBN 978-7-01-019612-1

Ⅰ.①世…　Ⅱ.①卜…　Ⅲ.①丝绸-样本-档案工作-研究-苏州
Ⅳ.①TS14

中国版本图书馆 CIP 数据核字(2018)第 167941 号

世界记忆工程与地方档案事业发展研究

SHIJIE JIYI GONGCHENG YU DIFANG DANG'AN SHIYE FAZHAN YANJIU

卜鉴民　主编

人民出版社 出版发行
(100706　北京市东城区隆福寺街 99 号)

北京中科印刷有限公司印刷　新华书店经销

2018 年 10 月第 1 版　2018 年 10 月北京第 1 次印刷
开本:710 毫米×1000 毫米 1/16　印张:10.25
字数:120 千字

ISBN 978-7-01-019612-1　定价:43.00 元

邮购地址 100706　北京市东城区隆福寺街 99 号
人民东方图书销售中心　电话 (010)65250042　65289539